As últimas notícias do
Sapiens
Uma revolução nas nossas origens

Silvana Condemi | François Savatier

As últimas notícias do
Sapiens

Uma revolução nas nossas origens

TRADUÇÃO DE
MAURO PINHEIRO

VESTÍGIO

Copyright © 2018 Flammarion, Paris
Copyright da tradução © 2019 Editora Vestígio

Título original: *Dernières nouvelles de Sapiens*

Todos os direitos reservados pela Editora Vestígio. Nenhuma parte desta publicação poderá ser reproduzida, seja por meios mecânicos, eletrônicos, seja via cópia xerográfica, sem a autorização prévia da Editora.

EDITOR RESPONSÁVEL
Arnaud Vin

EDITOR ASSISTENTE
Eduardo Soares

ASSISTENTE EDITORIAL
Pedro Pinheiro

PREPARAÇÃO DE TEXTO
Carol Christo

REVISÃO
Eduardo Soares

CAPA
Studio de création Flammarion
(sobre imagens de Science Photo Library DC/ Latinstock e funnybank/ iStock)

ADAPTAÇÃO DE CAPA
Diogo Droschi

INFOGRÁFICOS
Thomas Haessig

DIAGRAMAÇÃO
Larissa Carvalho Mazzoni

Dados Internacionais de Catalogação na Publicação (CIP)
Câmara Brasileira do Livro, SP, Brasil

> Condemi, Silvana
> As últimas notícias do Sapiens : uma revolução nas nossas origens / Silvana Condemi, François Savatier ; tradução de Mauro Pinheiro ; infográficos de Thomas Haessig. -- 1. ed. -- São Paulo : Vestígio, 2019.
>
> Título original: Dernières nouvelles de Sapiens
>
> ISBN 978-85-54126-10-0
>
> 1. Homem - Evolução 2. Homem - Origem 3. Homo sapiens 4. Paleontologia I. Savatier, François. II. Haessig, Thomas. III. Título.
> 19-24467   CDD-569.98

Índices para catálogo sistemático:
1. Homo sapiens : Origem e evolução : Paleontologia   569.98

Maria Paula C. Riyuzo - Bibliotecária - CRB-8/7639

A **VESTÍGIO** É UMA EDITORA DO **GRUPO AUTÊNTICA**

São Paulo
Av. Paulista, 2.073, Conjunto Nacional, Horsa I
23º andar . Conj. 2310-2312 .
Cerqueira César . 01311-940 São Paulo . SP
Tel.: (55 11) 3034 4468

Belo Horizonte
Rua Carlos Turner, 420
Silveira . 31140-520
Belo Horizonte . MG
Tel.: (55 31) 3465 4500

www.editoravestigio.com.br

Sumário

Introdução		7
1	Um bípede descendente de um macaco	*11*
2	Cultura, acelerador da evolução	*29*
3	Minha cabeça grande (quase) me matou	*41*
4	O que o bipedismo permanente fez de nós	*55*
5	Caçando, nos agitamos em todas as direções	*65*
6	A primeira conquista do planeta	*77*
7	E o *H. sapiens* aparece...	*89*
8	A expansão do *H. sapiens* em todo o planeta	*103*
9	As primeiras tribos	*121*
10	Da guerra ao Estado	*139*
Conclusão		*155*

Introdução

O *Homo sapiens*, vamos chamá-lo de Sapiens, é um animal curioso. Seus ancestrais moravam nas árvores, mas desceram delas para explorar o solo. Ao se tornarem bípedes, exploraram o mundo; e quando acabaram de percorrer o planeta, exploraram as possibilidades. Esse comportamento é um dos maiores enigmas existentes, mas estamos solucionando-o, graças aos brilhantes progressos da ciência pré-histórica.

Ao extrairmos e, em seguida, sequenciarmos o DNA fóssil, por exemplo, descobrimos que há cerca de 40 mil anos, dividíamos a Terra com pelo menos três outras espécies humanas; e sabemos agora que Sapiens, o africano, se miscigenou com duas dessas espécies... exceto na África! Fósseis encontrados recentemente também provam que, por um lado, nossos ancestrais emergiram do continente em diversos lugares e que, por outro lado, o Sapiens deixou seu berço no mínimo 100 mil anos antes do que imaginávamos...

Paralelamente, os antropólogos nunca pararam de pesquisar como o Homem surgiu. Terá sido com a utilização de ferramentas? Ou pelo fato de ter se tornado bípede, liberando o uso das mãos? Ou talvez decorra do volume do cérebro? Teremos nos tornado humanos porque somos capazes de sentir empatia, ou então porque uma remota mudança climática impulsionou nossos ancestrais para a savana?

Já fazia muito tempo que as teorias se cruzavam e se entrelaçavam, quando, em 2015, uma informação surpreendente foi revelada: há 3,3 milhões de anos, na África, na região que se tornaria o Quênia, mãos talharam ferramentas. Mãos? Presume-se que o mais antigo fóssil humano tenha 2,9 milhões de anos, de modo que essas mãos poderiam muito bem ser dos australopitecos! Assim sendo, não foi a ferramenta que fez o Homem, tampouco algo de bastante concreto, mas alguma coisa difusa, sem dúvida comum aos australopitecos e aos humanos...

Isso explica a urgência de analisarmos nossos ancestrais à luz dessas novas informações sobre o Sapiens. A fim de compreender de onde ele veio – de onde viemos – nos concentraremos nas etapas sucessivas da hominização, esse processo de humanização do australopiteco que, há mais de 3 milhões de anos, foi desencadeado em algum lugar da África. Uma transformação espantosa, que fez surgir um estranho animal que vivia em pé, estava presente em todos os lugares, nunca sozinho, dotado de uma poderosa cognição, e cuja forma mais evoluída, o Sapiens, recolheu o legado de todas as outras...

Todos sabemos que a cognição do Sapiens serve, antes de tudo, para a sobrevivência. Mas onde? Na natureza ou na sociedade? Sozinho na natureza, o Sapiens é frágil e tem vida curta; reunido em bandos de caçadores, ao contrário, ele se torna o maior predador que já existiu. Claramente, esse paradoxo produziu o que parece ecologicamente impossível: uma espécie onipresente, que organiza a natureza e a transforma para dela fazer seu ninho – um ninho que, atualmente, alcançou dimensões planetárias! Nós tentaremos elucidar essa enigmática saga evolutiva. A história de um animal cultural: você.

Complementos bibliográficos encontram-se disponíveis no seguinte link: https://sites.google.com/site/dernieresnouvellesdesapiens/home.

1

Um bípede descendente de um macaco

■ *O mecanismo que conduziu os antigos primatas à forma humana é a exploração cada vez mais intensa de todos os recursos do solo. Ele não apenas adaptou nossos ancestrais a um bipedismo mais eficaz e mais frequente, mas também desencadeou um ciclo amplificador: quanto mais o bipedismo tinha êxito nas colheitas da terra, mais ele se reforçava. No entanto, isso não basta para explicar nosso bipedismo permanente.*

Foi em 1748 que, pela primeira vez, os humanos se tonaram animais. Ao menos, na sua própria concepção! Em seu livro, *Systema Naturae* (*O sistema da natureza*), o botânico Carl von Linné (1707-1778) nos inclui num grupo de espécies animais semelhantes – um gênero – a que chamou de *Homo*, e nos qualificou de *Sapiens*, ou seja "sábios"... O *Homo sapiens*, que chamaremos mais familiarmente de Sapiens, é em nossos dias a única forma[1] humana.

---

[1] "Forma", nesse contexto, diz respeito ao menor subconjunto, identificável morfológica ou comportamentalmente, de uma população ou de uma espécie. [N.E.]

Enquanto mamífero – quer dizer, na condição de animal de sangue quente e lactante –, o Sapiens faz parte da ordem dos primatas, esses macacos munidos de cinco dedos, olhos frontais e cujo tronco, quando estão sentados, é vertical. Ignoramos de quando datam os primatas, mas sabemos que já existiam durante o Eoceno, essa era geológica que se estende de 56 milhões a 33,9 milhões de anos (Ma) antes da época atual. De onde vieram? Isso tampouco sabemos, mas há 70 milhões de anos, quando os dinossauros dominavam a Terra, *Purgatorius*, um pequeno animal do tamanho de um camundongo, teria sido um proto primata. Seja como for, quando os dinossauros desapareceram, os mamíferos modernos, entre os quais os primatas, puderam se multiplicar.

Atualmente, a maioria dos primatas vive nos trópicos e é adaptada à vida arborícola, o que sugere que os remotíssimos ancestrais dos humanos – os macacos hominoides – viviam entre os trópicos, no seio das florestas onde as árvores eram altas e os frutos abundantes. Ora, a maior parte dos macacos hominoides atuais vive na África, o que aponta uma origem africana do gênero humano.

Os hominídeos pré-humanos

No entanto, é principalmente a quantidade de fósseis africanos de antigos hominídeos que sugere a origem africana do *Homo*. Hoje, a família dos hominídeos inclui os humanos,

1. Árvore de parentesco da família dos hominídeos

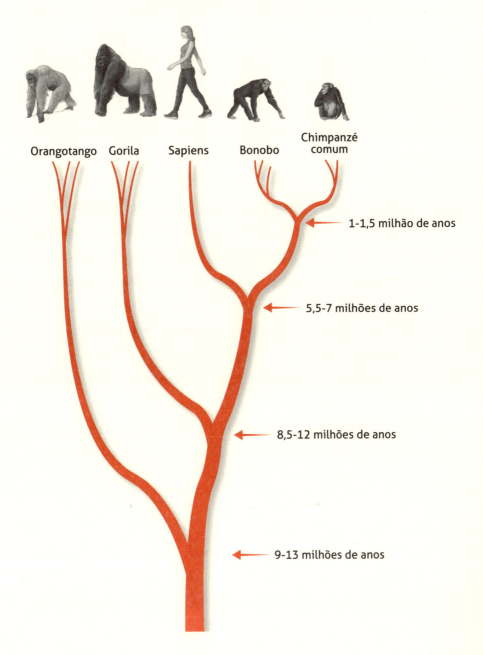

os bonobos, os chimpanzés, os gorilas e os orangotangos; a esta se acrescentam os hominídeos fósseis, principalmente os *ardipithecus* e os australopitecos, entre os quais se incluem nossos ancestrais pré-humanos (Fig. 1). Concluímos que podemos resumir a família de hominídeos a todos os grandes macacos de forma humana e capazes de caminhar eretos até certo ponto.

O que o estudo dos (fragmentos de) esqueletos das formas hominídeas fósseis revelou? Pois bem, duas coisas fascinantes: primeiro, que a evolução dos hominídeos sempre foi incontestável, quer dizer que várias espécies próximas coexistiram quase constantemente ao longo dos últimos sete milhões de anos. Segundo, que durante esse período, os hominídeos passaram por uma série de importantes estados evolutivos, ou seja, períodos no decorrer dos quais diversas formas próximas, possuindo quase as mesmas estruturas corporais e modos de vida, coexistiam.

O primeiro desses grandes estados evolutivos é aquele do início do bipedismo não permanente, de formas das quais você sem dúvida já ouviu falar, como *Toumai* (7 milhões de anos), *Orrorin* (6-5,7 milhões de anos), depois os *ardipithecus* (cerca de 5 milhões de anos). Da primeira, antiquíssima, só temos um fragmento de fêmur e um crânio deformado por uma longa estadia dentro dos sedimentos encontrados perto de um lago muito antigo do Chade. Para seu descobridor, o paleontólogo Michel Brunet, do Collège de France, a posição bastante central, em comparação aos quadrúpedes, de seu forame occipital – o orifício sub-craniano pelo qual passa o bulbo raquidiano, que continua pela medula espinhal – sugere seriamente que a adaptação ao bipedismo já estava em curso nos hominídeos (Fig. 2); por conta disso, Michel Brunet vê em *Toumai* uma forma pertencente à linhagem humana, mas ainda próxima de nosso ancestral comum com os chimpanzés.

Descoberto pelos paleontólogos Brigitte Senut e Martin Pickford, do Museu de História Natural de Paris, o *Orrorin* é por sua vez representado por uma dúzia de fragmentos fósseis, correspondendo a quatro indivíduos achados em três locais no Quênia. Nesse hominídeo é o fêmur que sugere uma forma de bipedismo, enquanto o polegar indica uma adaptação à vida nas árvores. Quanto às formas de *ardipithecus* descobertas na Etiópia – *Ardipithecus kadabba* (5,2-5,8 milhões de anos) e seu provável sucessor, o *Ardipithecus ramidus* (4,4 milhões de anos), dispomos de mais elementos bem conservados (Fig. 3).

Ao que parece, as formas que atingiram esse estado evolutivo eram capazes de um bipedismo unicamente oportunista: seus pés eram de fato bem adaptados à marcha, mas possuíam ainda um polegar opositor, como a mão ou o pé do chimpanzé. Se esse "polegar pedestre" limitava obrigatoriamente a eficácia da marcha desses *ardipithecus*, ele lhes dava, sem dúvida, a possibilidade de escalar bem rápido uma árvore, o que corrobora o fato de suas mãos ainda possuírem os dedos longos e curvados dos macacos escaladores.

② **Comparação do orifício occipital, da forma da bacia e da posição do hálux (o polegar do pé) no Sapiens e no chimpanzé**

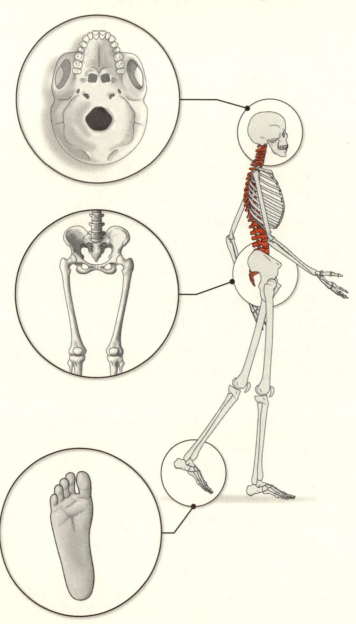

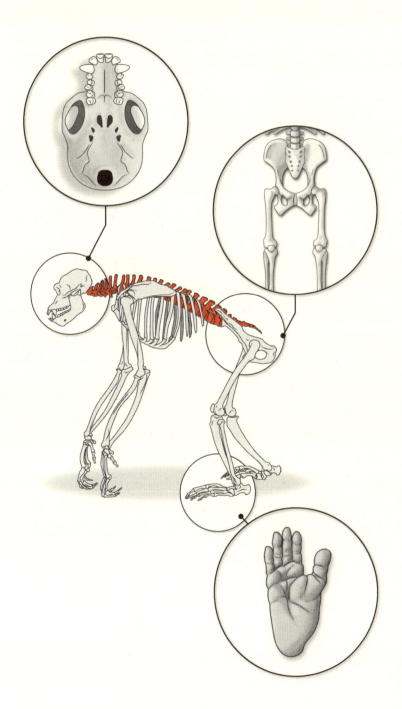

Em seguida, uma espécie de *ardipithecus* evoluiu para alcançar as formas dos australopitecos, sem dúvida a partir de 4,5 milhões de anos atrás.

Nos passos dos australopitecos

Na verdade, o segundo grande estado evolutivo é o dos primeiros bípedes verdadeiros, que são os australopitecos. Se seu nome genérico – *Australopithecus*, que significa "macaco do sul" – se refere à sua primeira descoberta na África do Sul, australopitecos foram também encontrados ao longo do vale do grande Rift, na África Oriental. Por mais inacreditável que pareça, a prova mais antiga que temos dos australopitecos não consiste de um fóssil, mas de alguns vestígios de passos preservados: os dos três *Australopithecus afarensis*, a espécie da famosa Lucy. Na verdade, há aproximadamente 3,8 milhões de anos, em Laetoli, que viria a se tornar o Quênia, o vulcão Sadiman recobriu o solo com uma camada de cinzas de 15 centímetros de espessura, por onde três australopitecos passaram, andando juntos na mesma direção.

Esses vestígios são comoventes, tamanha é a semelhança àqueles que teriam deixado os humanos (Fig. 4). Desta forma, o primeiro dedo do pé – o hálux – não é opositor, mas está próximo dos quatro outros dedos aos quais é paralelo, como nos Sapiens. De tal maneira que, ainda que a planta do pé não seja bem definida, o pé do australopiteco é parecido com

③ **Principais sítios de australopitecos magros e autralopitecos robustos (Parantropus) na África**

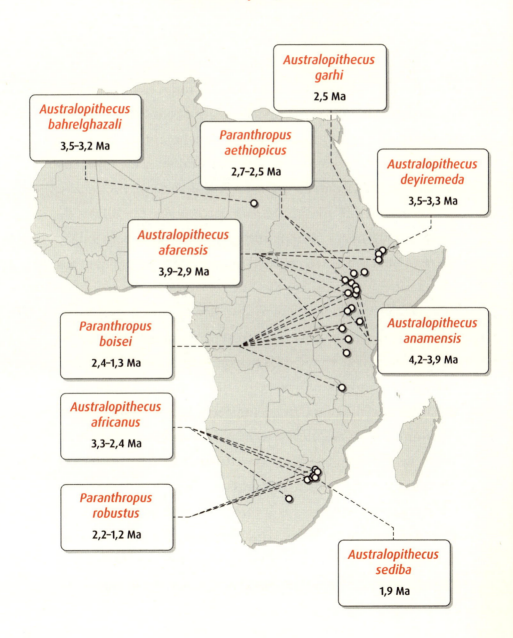

o nosso. Contudo, nota-se nesses indivíduos, leves em comparação a um humano, que o ponto de apoio se encontrava perto do calcanhar, o que significa que os australopitecos ainda não caminhavam como fazem os humanos – os dedos no chão, a flexão da planta do pé, o calcanhar no solo...

Suas mãos também se parecem com as nossas, salvo que a primeira falange do polegar não permite todos os movimentos de uma mão humana e que as falanges dos dedos são curvadas, o que facilitava a formação de um gancho com a mão. São características presentes em outros australopitecos, especialmente nos que vieram da África do Sul, *Australopithecus africanus* (3-2,6 milhões de anos) e *Australopithecus sediba* (2 milhões de anos), porém, nestes últimos, membros posteriores bem longos revelam uma dimensão corporal importante, que será uma das características cruciais dos fósseis associados ao gênero *Homo*.

Desta forma, mesmo se os australopitecos tinham mãos e pés comparáveis aos nossos, eles não parecem ter sido exclusivamente bípedes. Para certos paleontólogos, eles teriam sido comparáveis aos bonobos, o que significa que teriam tido uma vida social intensa, frequentemente no solo para explorar melhor o território, mas teriam permanecido amplamente limitados a ambientes arborizados. Particularmente, eles teriam encontrado segurança nas alturas. E teriam eles construído ninhos a fim de dormir nas árvores, tal como os chimpanzés? Foi pensando nesse hábito dos chimpanzés que, após examinarem os ossos de Lucy, os autores de um estudo de 2016 sugeriram que ela teria morrido ao cair de uma árvore!

④ As pegadas de australopitecos em Laetoli

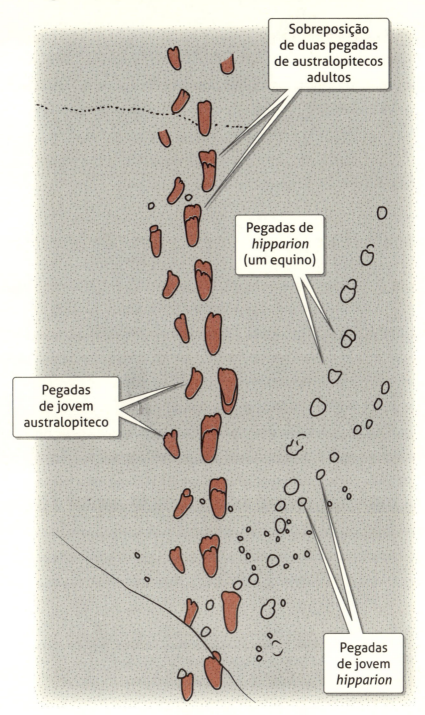

O que desencadeou a evolução no sentido de um bipedismo no âmbito de certas populações de hominídeos? Trata-se de uma substituição parcial da floresta pela savana no leste da África, provocada por uma mudança climática, como propõe Yves Coppens, do Collège de France, em sua teoria chamada *The East Side Story* [A história do lado leste]?[2] Não sabemos responder a essa pergunta.

O *Homo*, este bípede integral

O terceiro grande estado evolutivo – do qual ainda não saímos – é o do bipedismo integral. Bem mais complexo no plano biomecânico do que parece, esse modo de locomoção é absolutamente único entre os vertebrados terrestres. Na verdade, ele define o gênero *Homo* ao nos distinguir de todos os demais hominídeos. Como ele surgiu? Em nossa opinião, através de uma melhora gradual do bipedismo imperfeito dos australopitecos. Esta visão é confirmada pelo estudo aprofundado de um dos ossos do pé do australopiteco dos Afares, realizado por Carol Ward, da Universidade do Missouri, Estados Unidos: ela sugere que os congêneres de Lucy tinham o pé arqueado, portanto, já adaptado à corrida como o nosso e, consequentemente, semi-humano.

---

[2]   Adaptação do nome de um musical americano, *West Side Story* (1957, *Amor sem fim*, no Brasil) para intitular sua teoria evolucionista tendo como foco as descobertas feitas ao leste da África. [N.T.]

De todo modo, o bipedismo integral estava presente nas formas mais antigas consideradas humanas, sobretudo no *Homo habilis* (2,8-1,44 milhões de anos), que vivia ao leste e ao sul da África. Mesmo se a capacidade craniana esteja próxima da dos australopitecos, portanto modesta (um terço da nossa), seu pé era muito semelhante ao dos humanos atuais. Conforme os fósseis quase completos de que dispomos, ele era rígido, possuía uma planta e ossos com as proporções dos atuais. Algo que, para a especialista na locomoção dos hominídeos Yvette Deloison, do Centro Nacional de Pesquisa Científica (CNRS – Centre National de la Recherche Scientifique) atesta um bipedismo permanente.

Quase tão antigo quanto o *H. Habilis* e confinado à África Oriental, o *Homo rudolfensis* (2,45-1,45 milhões de anos) era por sua vez robusto e sua capacidade encefálica um pouco mais desenvolvida. Ele também era claramente um bípede permanente. Desta forma, é então o bipedismo permanente que distingue o gênero *Homo* do gênero *Australopithecus*. Por esta razão, a hipótese predominante na paleontologia sustenta que a evolução no sentido de um maior bipedismo marcou o início da passagem de certos australopitecos à forma humana.

O homem, este explorador... de territórios

No entanto, uma pergunta persiste: por que essa evolução se desencadeou? Porque algo levou uma linhagem de

⑤ As espécies humanas e pré-humanas ao longo do tempo

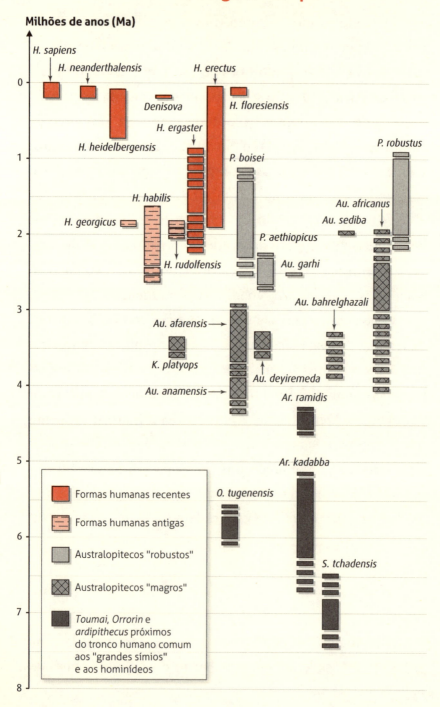

australopitecos a explorar os recursos do solo em escala cada vez maior, e desprender cada vez menos energia nessa atividade era vantajoso. Inúmeras pesquisas corroboram essa visão. Assim, em 2010, a equipe de David Raichlen, da Universidade do Arizona, Estados Unidos, demonstrou que, para percorrer uma certa distância, um humano gasta somente um quarto da energia necessária a um chimpanzé seguindo em suas quatro patas...

Esses mesmos pesquisadores também evidenciaram que os chimpanzés consomem a mesma energia a quatro ou duas patas. Desta maneira, se avançam a curtos passos para progredir em pé ou se lançam mão de todos os seus músculos para correr em quatro patas, eles consomem mais energia do que um homem. A partir daí, assim que os hominídeos antigos trataram de explorar os recursos da terra, a evolução só pôde se dirigir a um gasto mínimo de energia, consequentemente a um maior bipedismo.

A exploração por parte de nossos ancestrais das superfícies mais extensas criou assim uma pressão seletiva conduzindo ainda mais ao bipedismo. No Parque Nacional de Kibale, em Uganda, a equipe de Sabrina Krief, do Museu Nacional de História Natural de Paris, observou que o território vital de um chimpanzé se estende por cerca de 20 quilômetros quadrados, dos quais somente um quarto é frequentemente explorado. Comparativamente, as observações etnográficas levam a estimar que, dependendo do clima dominante em seu habitat, um grupo de caçadores-coletores precisará explorar, por cada um de seus membros, entre 18 (cerca de

4,2 x 4,2 km) e 1.300 quilômetros quadrados (cerca de 36 x 36 km)! Tão logo essa pressão seletiva se instalou, o bipedismo teria sido vantajoso também para vigiar um ambiente povoado por numerosos predadores, perigosos para os frágeis pré-humanos (Lucy media somente um metro de altura...).

Um possante acelerador da evolução

Entretanto, a orientação no sentido de exploração dos recursos do solo não explica sozinha, em nossa opinião, toda a evolução para se chegar a um bipedismo permanente. Lembremo-nos de que, efetivamente, durante o segundo grande estágio evolutivo, várias formas de australopitecos próximos viveram ao mesmo tempo, mas nem todas desenvolveram o bipedismo permanente! Já em grande parte bípedes, elas não desenvolveram esta característica por completo. A explicação desse fenômeno curioso que nos parece mais convincente é que uma linhagem de australopitecos "acelerou" sua evolução, progredindo mais rápido que as outras em seu bipedismo e, em consequência disso, obtendo êxito como coletor-predador. Progressivamente (assim mesmo, num período de um milhão de anos), ele terá representado uma concorrência tão grande que acabará extinguindo, em primeiro lugar, as formas que lhe eram próximas, mas que exploravam com menos eficácia o mesmo nicho ecológico, e depois, aquelas que eram mais afastadas.

2

Cultura, acelerador da evolução

■ *A cultura trouxe à superfície a linhagem humana, acelerando a evolução de certas linhagens de australopitecos fabricantes de ferramentas em direção a um maior bipedismo e eficácia na exploração do território. O aumento da estatura e do volume encefálico atesta o acionamento desse mecanismo de hominização, que produziu grupos sociais humanos maiores, sustentados por uma "higiene linguística".*

Que tipo de "acelerador" teria transformado certas linhagens de australopitecos em humanos? Para nós, não há dúvidas: foi a cultura. Surpreso? Vamos esclarecer primeiro o sentido dessa palavra: ela designa todo conjunto de características comportamentais, de símbolos e de ideias compartilhadas no seio de um grupo animal. Esse compartilhamento se efetua através do espaço (ou seja, na transmissão entre membros do mesmo grupo) e do tempo (através das gerações). Segundo essa definição, os grupos de golfinhos ou chimpanzés também têm suas culturas, ainda que elas não tenham tido o mesmo efeito evolutivo sobre esses animais. Teria acontecido de outra maneira com certos australopitecos, à medida que o bipedismo liberava suas mãos? Sim, fizemos tal descoberta em 2015, ano em que nos foram reveladas ferramentas fabricadas antes que a emergência do *Homo* fosse conhecida. Num sítio chamado Lomekwi 3, próximo à margem ocidental do Lago Turkana, no Quênia, a equipe de Sonia Harmand, do CNRS, da França, descobriu ferramentas de pedra esculpidas há 3,3 milhões de anos. Contudo, atualmente, o mais antigo fóssil humano conhecido é a mandíbula parcial LD 350-1, com seis dentes e datando de... 2,8 milhões de anos. As ferramentas de Lomekwi 3 – elas definem a cultura material chamada Lomekwiana – são, portanto, 500 mil anos mais antigas do que o mais remoto registro – e muito frágil – do gênero *Homo* através de um fóssil. A explicação mais simples dessa inquietante apuração é que essas ferramentas foram esculpidas por alguma forma de australopitecos.

Cultivado, apesar de seu rosto achatado

A equipe da pré-historiadora Sonia Harmand chamou a atenção sobre a descoberta na proximidade do *Kenyanthropus platyops*, literalmente o "homem de rosto achatado do Quênia", uma forma fóssil na qual alguns paleontólogos percebem as características de um australopiteco dos Afares, e outros, características humanas... De qualquer forma, *Ken. platyops* parece estar no mesmo estado evolutivo dos australopitecos, por exemplo, o *Au. afarensis*, que vivia na mesma região e ao mesmo tempo. A menos que imaginemos extraterrestres no Quênia 3,3 milhões de anos atrás, o mais lógico é, definitivamente, supor que o *Au. afarensis* ou o *Ken. platyops* tenham dado forma às ferramentas de Lomekwi 3. Seja como for, as primeiras ferramentas fabricadas à mão datam do estado evolutivo do australopiteco. Considerando que a fabricação de ferramentas é um fenômeno cultural, então a cultura precede o *Homo*.

Podemos acreditar nisso? Já sabemos há muito tempo que os hominídeos, como os chimpanzés, utilizam ferramentas. Contudo, trata-se de ferramentas de circunstâncias, tais como bastões ou pedras empregadas para cavar um buraco ou quebrar nozes. As pedras de Lomekwi 3, por sua vez, foram voluntariamente talhadas para produzir arestas. Duas técnicas foram aplicadas: a percussão direta sobre base imóvel (bate-se na pedra que se quer esculpir sobre um bloco sólido) e a percussão bipolar sobre uma espécie de bigorna (bate-se na pedra com um percutor, após colocá-la sobre um bloco). Essa complexidade significa que as duas técnicas eram conhecidas pelo grupo e, portanto, transmitidas no âmbito de uma tradição (Fig. 6).

Além disso, essas duas formas de entalhar ilustram que, como a evolução das espécies, a evolução técnica se diversifica incessantemente, criando galhos que logo morrerão, enquanto o tronco principal continua a crescer. Este ponto é formulado pela pré-historiadora do CNRS Hélène Roche, que desempenhou um papel eminente nessas pesquisas, nos

6   Fabricação de três ferramentas de pedra

1 Talho à mão livre de um cortador (seixo adaptado)

2 Talho à mão livre de um biface (sucessor do cortador)

3 Produção de lâmina com percutor leve (chifre de cervídeo)

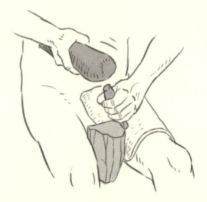

seguintes termos em suas sábias palavras: "A evolução comportamental no Plio-Pleistoceno[3] é um assunto complexo, tanto quanto a evolução biológica". O "Plio-Pleistoceno", vocês entenderam, é a época de Lomekwi 3!

E assim se esboça um quadro surpreendente: é extremamente possível que ao final do Plioceno (de 5,3 a 2,58 milhões de anos), e depois, no início do Pleistoceno (2,58 milhões de anos a 11.700 anos), várias formas de australopitecos contemporâneos tenham fabricado ferramentas de pedra e delas se serviram, senão para a caça, ao menos para cortar, extrair ou trabalhar as raízes, a carniça ou qualquer outra forma de alimento...

O osso bovino de 3,4 milhões de anos atrás, apresentando marcas de corte por uma ferramenta lítica, constitui um indício neste sentido. Ele provém do sítio etíope de Dikika, onde, por sinal, foi descoberta uma fêmea australopiteco dos Afares, datando de cerca de 3,3 milhões de anos; outro indício apontando na mesma direção é a descoberta, na formação de Bouri, situado no Rio Awash, Etiópia, do *Australopithecus gahri*, um australopiteco que data de 2,5 milhões de anos relacionado a algumas ferramentas de pedra talhada (ainda que isso seja discutível). Uma dessas linhagens de australopitecos fabricantes de ferramentas deve se encontrar na origem das primeiras atividades industriais humanas.

---

[3] O Plio-Pleistoceno é o conjunto de épocas geológicas formalmente definidas como Plioceno e Pleistoceno.

A hominização criou o *Homo*

Com base nesses raciocínios e nessas constatações arqueológicas, podemos propor uma descrição geral do mecanismo que produziu o gênero humano: a hominização. O *Homo* teria surgido no seio de linhagens de australopitecos fabricantes de ferramentas, da conjunção do bipedismo e da cultura; possibilitada pela marcha ereta, a exploração em grande escala do meio ambiente teria sido amplificada por uma coordenação cada vez maior entre os membros do grupo, que teria proporcionado uma capacidade cada vez maior de imitação (cognição), de habilidade manual (através da evolução da mão e da cognição para a produção de ferramentas, principalmente) e de capacidade para correr em pé (através da evolução do corpo). Em seguida, os progressos dessas aptidões teriam multiplicado a coordenação do grupo, o que teria melhorado sua exploração territorial, etc. Resumindo, um formidável ciclo amplificador, resultado de pressões seletivas essencialmente sociais. Foi assim que a remota evolução no sentido do bipedismo produziu formas pré-humanas e, depois, humanas. A biologia (pré) humana e a cultura (pré) humana evoluíram juntas desde antes do *Homo*!

Quanto maior a altura, maior a cabeça

A teoria é ótima, mas a existência passada desse ciclo amplificador pode ser verificada dentro do registro fóssil?

Obviamente, sim, se aceitarmos a ideia de que uma estatura maior é vantajosa na exploração do meio ambiente. De fato, ela aumenta o movimento flexível do braço, permitindo ao homem lançar um projétil com mais potência (o ombro humano projeta objetos bem mais rápido do que o de qualquer outra espécie), bater mais forte com uma pedra, escavar o solo mais profundamente e mais rapidamente, usando um bastão com uma das extremidades aplainada, manejar lanças mais longas, etc.

Seguindo essa linha de raciocínio, então a hominização só pode ter sido acompanhada pela seleção de linhagens pré-humanas, depois humanas, cada vez maiores, até um determinado estado de excelência biológica. Ainda por cima, uma estatura mais alta para extrair mais recursos, melhor explorar a diversidade destes (carne, raiz, mel, nozes, frutos, etc.) e mais técnica, organização e coordenação para extrair esses recursos de um território maior, significam uma melhor cognição.

O que se observa então? Um aumento da estatura se produziu efetivamente na linhagem humana, que passa de 1,3 metros (*H. Habilis* macho) a tipicamente 1,7 metros (*H. Sapiens* macho). Esse crescimento é também acompanhado pela expansão do volume cerebral, de 400 centímetros cúbicos (*H. Habilis* macho) a tipicamente 1.350 centímetros cúbicos (*H. Sapiens* macho). Dessa forma, um movimento geral de aumento da capacidade craniana até um estado de excelência biológica se produziu, até alcançar o cérebro do

⑦ **Evolução do volume craniano desde sete milhões de anos**

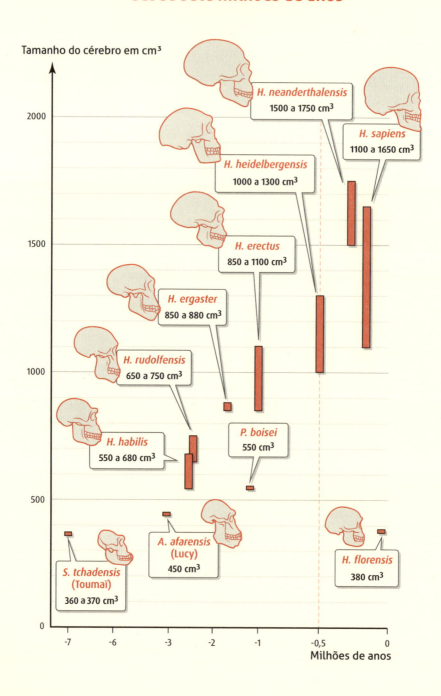

Sapiens e do Neandertal, que parece representar um máximo, com cerca de 1.700 centímetros cúbicos.

Certo, mas os elefantes têm um cérebro maior que o nosso e não são mais inteligentes por isso. Para se avaliar o aumento das capacidades cognitivas que acompanharam o aumento do volume cerebral, é preciso raciocinar em termos de coeficiente de encefalização, ou seja, a relação peso do cérebro/peso do corpo. No gorila, essa relação é de 1/230; nos chimpanzés, ela está compreendida entre 1/90 e 1/180, mas nos seres humanos atuais ela é de 1/45... Assim, se considerarmos que o chimpanzé dá a ordem de grandeza característica do estágio evolutivo de Toumai, o coeficiente de encefalização da linhagem hominídea, e depois humana, foi multiplicado por quatro em sete milhões de anos! Esse crescimento do cérebro chegou mesmo a acelerar ao longo dos últimos 500 mil anos, quer dizer, a partir do *Homo heidelbergensis*, o ancestral comum do Neandertal e do Sapiens (Fig. 7).

Percebemos que a sucessão de formas (pré) humanas corrobora a existência do ciclo amplificador: maior bipedismo → maiores estatura, cognição e mobilidade para explorar → maior bipedismo, etc.

Outro indício atesta a existência desse ciclo e demonstra que uma grande parte da cognição dos primatas serve à adaptação social do indivíduo. Em 1993, Leslie Aiello e Robin Dunbar, da Universidade de Londres, revelaram uma proporcionalidade entre o tamanho do grupo social primata e a espessura da camada do cérebro que é supostamente o local de cognição: sua camada externa, o neocórtex. Para funcionar, um grupo de primatas deve investir efetivamente nos cuidados corporais mútuos (catar piolhos, por exemplo), que estabelecem e mantêm os laços interindividuais. Nos chimpanzés, essa higiene social ocupa 16% do seu tempo. Após ter extraído uma lei empírica de dados relacionando todos os primatas atuais, os pesquisadores elaboraram um modelo descrevendo o fenômeno no âmbito da linhagem humana. Assim, eles chegaram à conclusão de que a higiene social ultrapassa 20% do tempo nos australopitecos, depois aumenta até atingir 45% no *H. neandertalensis* e *H. sapiens*. Ora, como sabemos, nós não passamos a metade do nosso tempo catando piolhos uns nos outros, ainda mais que o grupo social com o qual nos comunicamos compreende tipicamente centenas de pessoas (tratando-se de relações que cultivamos), e mesmo muito mais (se incluirmos aquelas que não cultivamos)! Então, pelo que, segundo os pesquisadores, nós substituímos a higiene social? Pela linguagem, um modo de "catar piolhos simbolicamente" num bocado de gente ao mesmo tempo!

3

Minha cabeça grande (quase) me matou

■ *A cultura modificou nossa biologia, que por sua vez evoluiu a fim de proporcionar... mais cultura. Este fenômeno pode ser observado primeiramente em nossa procriação, que se tornou cada vez mais cooperativa, após ter aumentado e, depois, ultrapassado os limites reprodutivos dos primatas; ele se observa em seguida em nossa fisiologia, favorecendo a estocagem de gorduras a serviço de um grande cérebro, cuja emergência nos levou a explorar os animais ricos em gordura e as plantas energéticas, que depois domesticamos.*

Nesta longa história, é importante se conscientizar de um elemento chave da hominização: a cultura modificou profundamente nossa biologia de primata de origem. As pressões seletivas à origem do bipedismo permanente, depois a hominização, foram de fato tão intensas, que elas remodelaram nosso esqueleto, nossa cabeça, nosso sistema digestivo e nossa cognição. Quer mais? Bom, vamos nos concentrar, de início, nas remodelagens fisiológicas e comportamentais profundas provocadas pelo extremo desenvolvimento de nosso cérebro.

Nossa evolução, na verdade, impulsionou o desenvolvimento de nossa caixa craniana ao seu limite biológico, e depois, além do que parece fisiologicamente possível, tanto para o corpo das mulheres quanto no plano do metabolismo. Nós todos sabemos que o parto é em geral doloroso e, frequentemente, perigoso para a mulher sapiens. O trabalho de parto dura cerca de 9h30, ou seja, cinco vezes mais do que uma gorila, chimpanzé ou orangotango... Isso é facilmente explicado: o volumoso cérebro humano supõe uma grande cabeça, que em nossos recém-nascidos passa com dificuldade pelo canal pélvico. Disso resultou uma seleção das linhagens humanas nas quais os ossos cranianos dos bebês antes de nascer não são "soldados", de modo que uma certa deformação da cabeça facilita a passagem. Ao começar a sair, a cabeça do bebê sapiens, ligeiramente grande demais, deve por sinal efetuar uma rotação antes de poder descer pelo canal pélvico.

No entanto, isso não é suficiente: nenhum nascimento seria possível se o desenvolvimento não fosse desacelerado *in utero*, porque se nossos bebês nascessem no mesmo estado que seus primos chimpanzés, sua cabeça seria grande demais para passar pelo canal. Na verdade, eles nascem com um crânio e um cérebro ainda inacabados, quase absurdamente imaturos em comparação ao que ocorre em outras espécies animais (Fig. 8).

Assim que o bebê nasce, o tamanho do cérebro continua aumentando durante os sete primeiros anos, quando o pequeno humano não se acha mais isolado dentro do útero, e sim cercado pelos seus próximos. Dessa forma, o cérebro humano conclui seu crescimento quando a criança já está sob influência da vida social. Para concluir o desenvolvimento cerebral, a humanidade substitui o banho uterino pelo banho social. É esta particularidade que explica parcialmente nosso impressionante progresso cognitivo, visto que ele prossegue até que nosso cérebro contenha cerca de 86 bilhões de neurônios, comparados aos "meros" 6 bilhões em nossos primos chimpanzés. A verdadeira máquina pensante, o neocórtex, quer dizer, a camada cerebral externa, representa 33% do volume cerebral nos humanos, contra apenas 17% nos chimpanzés. Além disso, o crescimento do cérebro humano continua até aproximadamente 25-30 anos, e nosso cérebro é submetido em todas as idades a uma remodelagem constante em função das experiências vividas.

Uma reprodução estimulada pela longevidade...

Desde o início dos tempos, o custo desse cérebro grande se traduz em vidas perdidas para mulheres e bebês, mas isso não nos impede de possuir a mais forte demografia de todos os animais. Na verdade, já somos quase sete bilhões e meio de indivíduos... Como explicar este paradoxo? O desenvolvimento lento do cérebro humano só é inteiramente possível se os pais viverem muito tempo: ao contrário das centenas

⑧ **O crescimento do cérebro do Sapiens e do chimpanzé desde o nascimento até o tamanho adulto**

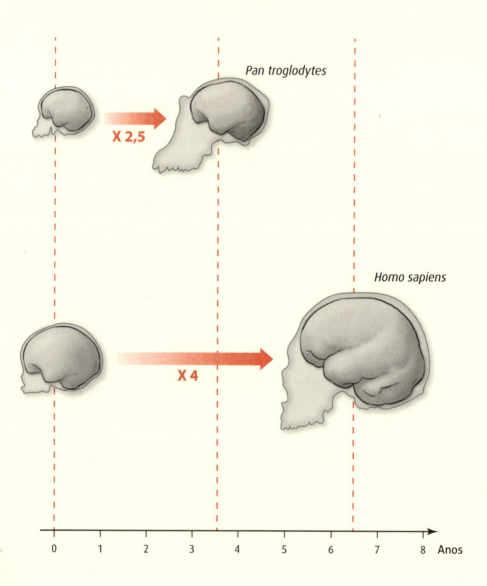

de peixes fêmeas que põem com frequência 500 mil ovos, a maior parte devorada pelos predadores, a estratégia da reprodução humana consiste em aliar um número baixo de nascimentos e um forte investimento parental.

É por essa razão que, ao longo de milhões de anos, a cultura humana desempenhou um papel crucial na criação das crianças, que, progressivamente, foi completada por uma quantidade cada vez maior de educação. Na verdade, nossa reprodução é cooperativa: as crianças podem de fato ser cuidadas em alguns momentos por outras mulheres, pelos irmãos e irmãs – aproveitando assim a educação já adquirida pelos irmãos – e mesmo por outros homens, mas, sobretudo – quando presente –, pela avó. A esse respeito, os trabalhos realizados por Rachel Caspari, da Universidade Central de Michigan, nos Estados Unidos, com outros antropólogos, sugerem que os indivíduos idosos só se tornaram frequentes dentro dos grupos humanos a partir do início do Paleolítico superior (entre 40 mil e 10 mil anos antes de nossa era, aproximadamente), mas que a contribuição deles para a criação e a educação das crianças e suas experiências teriam desempenhado um papel fundamental na evolução demográfica dos humanos.

Possuindo uma vasta competência útil à sobrevivência dos bebês, as avós se dedicaram há muito tempo à criação de seus netos e netas. Esse investimento teria sido tão eficaz em termos de sobrevivência dos bebês, que ele selecionou linhagens humanas cujas mulheres deixam de ser férteis

AS ÚLTIMAS NOTÍCIAS DO SAPIENS

muito tempo antes de morrer, o que explica em grande parte esse fenômeno tipicamente humano que é uma longuíssima menopausa (as macacas, em geral, morrem bem rapidamente após o início da menopausa).

...e estimulados pela gordura

Em seguida, as linhagens humanas de mulheres gordas (e homens mais gordos) também foram selecionadas. Em 2010, a equipe do primatólogo Richard Wrangham, da Universidade de Harvard, Estados Unidos, demonstrou que o humano sedentário é mais gordo do que todos os outros primatas, mesmo quando estes últimos passam o dia todo sentados no jardim zoológico! Segundo esses pesquisadores, esta característica humana tão pouco apreciada hoje em dia é explicada pelo fato de, graças a seu talento para armazenar energia em diversas zonas de seus corpos, as mulheres, cuja adiposidade é 25% mais elevada do que a dos homens em idade reprodutiva, serem capazes de encadear uma gravidez à outra e produzir bem mais bebês do que as macacas, ainda que a reprodução comece mais tarde e que a criação dure mais tempo. Mais uma vez, o grande cérebro humano esclarece esse armazenamento de gordura: ele permite garantir, mesmo em tempos de miséria ou estações difíceis, não apenas que o corpo do bebê poderá se constituir, mas também que a máquina pensante da mulher gestante e lactante funcionará corretamente, o que aumenta as chances de sobrevivência da mãe e de seu bebê. Quando as condições de vida são boas, um bebê humano já é gordo ao nascer – o que, instintivamente, nós achamos adorável e elogiamos! O cérebro humano, de fato, precisa de uma energia considerável. Mesmo em repouso, fazê-lo funcionar ao mesmo tempo em que mantemos em atividade nossas funções vitais (respiração, regulação da temperatura, manutenção do nosso corpo) e nossos órgãos vitais (coração, pulmões, rins, fígado, etc.) requer um mínimo de energia. Esse mínimo vital – a que chamamos de metabolismo basal – depende do tamanho dos indivíduos, de sua idade, sexo e das condições climáticas. As crianças têm um metabolismo basal bem mais elevado que os adultos, sobretudo durante o amadurecimento do cérebro, entre zero e sete anos. Apesar de representar apenas 2% a 3% do peso do nosso corpo, o cérebro de um adulto consome sozinho de 15% a 20% de nosso metabolismo basal.

Contudo, suas necessidades são ainda maiores quando eles funcionam. Em 2016, a equipe de Herman Pontzer, da Universidade de Nova York, comparou os gastos de energia dos humanos e dos macacos antropoides. Seus pesquisadores constataram que um humano consome a cada dia em média 400 calorias a mais que um chimpanzé ou um bonobo (*Pan paniscus*), 635 calorias a mais que um gorila e 820 a mais que um orangotango, um hipermetabolismo que se explica pelas necessidades de seu cérebro volumoso.

As primeiras carnes bio

Todos os paleontólogos concordam que a introdução de proteínas animais no regime alimentar humano, e com isso o aumento do consumo de carne, desempenhou um papel essencial na evolução de nossa enorme máquina pensante. Numa única ingestão, a carne de fato fornece não apenas a energia em forma de gordura, mas também todos os minerais e quase todas as vitaminas dos quais o corpo precisa.

Ora, as provas arqueológicas indicam que, ao longo do tempo, os caçadores-coletores tentaram conseguir a maior quantidade possível de carne energética, ou seja, a carne gorda. Apesar dos enormes riscos, eles se obstinaram para abater imponentes animais ricos em gordura, tais como os mamutes, bovídeos grandes e pequenos, rinocerontes, focas, baleias, etc. Uma observação surpreendente aponta na mesma direção: quando começaram a domesticar os animais comestíveis, de início, eles se concentraram nos mais gordos, tais como os suídeos (porcos), bovinos (vacas), caprinos (carneiros e cabras), antes de se interessarem pelas aves, cavalos, etc. Da mesma forma, as primeiras plantas domesticadas eram particularmente energéticas.

Além dessa adaptação social ao hipermetabolismo humano, a evolução do *Homo* reorganizou o metabolismo, orientando na direção do cérebro uma parte do dispêndio energético de outros órgãos, especialmente do aparelho digestivo. Já que mencionamos o abate de mamutes pelos

⑨ Como nossos recursos energéticos foram redistribuídos para fazer nosso grande cérebro funcionar

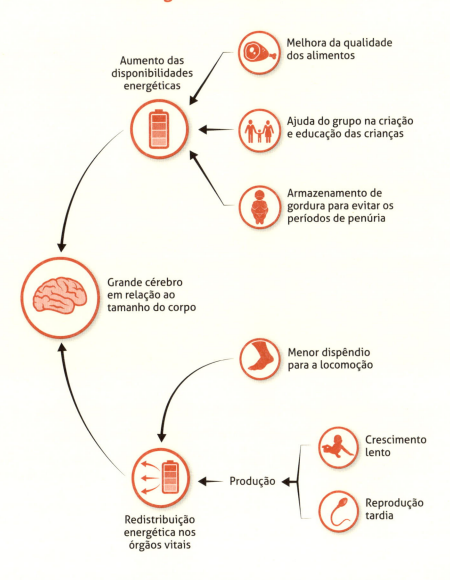

caçadores, assinalemos que o consumo energético de nossos músculos, todavia, permaneceu importante, ainda que tenha enfraquecido em comparação aos grandes símios: 20% de nosso metabolismo basal e 40% dos gorilas. Assim sendo, a partir do *H. ergaster* (1,9 milhão de anos), o crescimento do cérebro continuou às custas de uma perda relativa da potência muscular e graças ao encurtamento do intestino (Fig. 9).

Qual é a idade do fogo?

As contribuições técnicas da cultura desempenharam um papel crucial nessa evolução, não somente obtendo alimentos energéticos, mas sobretudo para extrair ainda mais energia deles, o que se tornou particularmente verdadeiro após a domesticação do fogo. Sendo um tipo de pré-digestão, o cozimento favorece de fato a desintoxicação dos alimentos, torna-os mais digeríveis e aumenta seu valor calórico. Estudos demonstram, por exemplo, que 35% do amido cozido pode ser digerido contra 12% do amido cru, assim como 78% das proteínas cozidas contra 45% das proteínas cruas. Graças ao cozimento, nosso aparelho digestivo representa somente 10% do metabolismo basal.

De que época data a domesticação do fogo? No Oriente Próximo, os fogões à lenha incontestavelmente mais antigos – os de Gesher Benot Ya'aqov em Israel, por exemplo, datam de cerca de 790 mil anos. Na Europa, o de Přezletice, na

República Tcheca, data de 700 mil anos; o de Menez Dregan, na Bretanha, França, tem 450 mil anos, assim como o de Vértesszöllös, na Hungria. Na China, em Zhoukoudian, foi achado um fogão à lenha com mais de 420 mil anos.

Consequentemente, na Europa, o ancestral comum do *H. neanderthalensis* e do *H. sapiens* – o *H. heidelbergensis* – controlava o fogo há 600 mil anos. E na África? O caso da gruta de Swartkrans, onde mais de 270 ossos queimados sugerem o cozimento da carne e sem dúvida de raízes tuberosas, nos demonstra que o emprego do fogo é de fato bem mais antigo, recuando no tempo a 1,5 milhão de anos, pelo menos. No sítio de Chesowanja, no Quênia, existem também vestígios importantes de fogo datando de 1,4 milhão de anos, mas sua domesticação é questionada: pode se tratar de um caso de utilização de fogo "natural". A discussão prossegue, mas para Richard Wrangham, o fogo estaria ligado ao rápido desenvolvimento do cérebro entre 1,6 milhão de anos e 1,8 milhão de anos para o *H. ergaster* na África e para o *H. erectus*, na Ásia, visto que ele favoreceu a assimilação das proteínas animais que os homens consomem com a maior frequência possível.

4

O que o bipedismo permanente fez de nós

■ *O bipedismo liberou a mão. Sua evolução influenciada pela cultura, especialmente na fabricação de ferramentas, transformou-a numa verdadeira máquina – ferramenta programável cujas proezas são espetaculares; milhares de sensores e uma parte enorme do cérebro lhe servem de guias. No entanto, o bipedismo também provocou uma nova disposição do conjunto do corpo, que nos permite correr; e a corrida nos fez perder nossos pelos.*

Com a aquisição do bipedismo e a evolução no sentido de uma exploração territorial cada vez mais diversificada e extensa, a cultura e a biologia passaram a evoluir juntas, influenciando-se mutuamente. Essa evolução conjunta se vê de maneira evidente na evolução da "cultura material", ou seja, nos vestígios arqueológicos de cultura, a começar pelas ferramentas de pedra. A evolução no sentido de uma maior complexidade cognitiva, e a da mão e do cérebro que a controla conduzindo a uma maior habilidade e diversidade técnica são particularmente claras.

AS ÚLTIMAS NOTÍCIAS DO SAPIENS

Neste ponto, convém lembrar que essa ideia é antiga, já que antes da descoberta das ferramentas que, presumivelmente, pertenciam aos australopitecos (Lomekwiano), via-se na fabricação de ferramentas algo "próprio ao homem": a hominização, supunha-se então, fora induzida pela ferramenta. Nessa teoria, chamada de o *Homo faber*, ou seja, "o homem artesão", identifica-se na fabricação de ferramentas uma singularidade absoluta, que teria distinguido os humanos dos demais hominídeos. A mão humana, a do *H. habilis* neste caso, teria – desde 2,6 milhões de anos no sítio de Gona, Etiópia – fabricado a ferramenta e esta teria em contrapartida desenvolvido progressivamente o cérebro avantajado, necessário para produzi-la, aperfeiçoá-la, assim como seu uso.

É evidente que havia exagero nessa ideia, já que o primeiro artesão provavelmente não foi um humano, mas sim um australopiteco. Mais uma vez, a evolução, tanto a da espécie humana quanto a das características sociais, possui ramificações variadas. Em determinado estado evolutivo, ela produz toda uma série de formas, em seguida uma delas elimina as outras progressivamente, seja por conta de sua maior eficácia ou por outras razões. Entretanto, parece óbvio que a fabricação e a utilização de ferramentas exerceram uma pressão considerável sobre nossa biologia – a da mão, em particular – e sobre nossa cognição – na parte do cérebro que controla a mão. Examinemos como isso ocorreu.

A mão, uma verdadeira máquina-ferramenta programável

A evolução das fabricações líticas corresponde à evolução da própria mão. Essa extremidade tão particular é um dos resultados distintivos da hominização, e nossa mão muito se distingue das dos outros hominídeos. A evolução a diminuiu, o que é particularmente evidente tratando-se do polegar, mas os outros dedos também, curtos em comparação aos dos chimpanzés. Assim, nossa mão é constituída de 29 ossos, um número idêntico de articulações, de 35 músculos e de uma vasta rede de nervos, artérias e, sobretudo, mais de cem tendões! Nossas falanges não são curvas como as dos macacos, mas retas. Nosso polegar, o mais robusto dos dedos, é opositor, e seu controle mobiliza sozinho nove músculos e três nervos principais da mão. É graças a essas múltiplas ligações, comparáveis aos fios de uma marionete, que nossos dedos se movem individualmente com... destreza.

Tudo isso se traduz principalmente nas inumeráveis posições que a mão pode adotar: ela desenha a forma de um gancho aberto ou fechado de diversas maneiras; ela constitui um ponto de apoio e um instrumento de preensão polivalente, tanto em força quanto em precisão; ela serve também como percutor[4] e concha para beber, instrumento de medição, etc. Resumindo, com sua extrema mobilidade, nossa mão nos transforma numa

---

[4] O percutor é um instrumento usado nas indústrias líticas (ferramentas de pedra).

espécie de máquina-ferramenta inteligente, que se reprograma quase instantaneamente em função das informações coletadas pelos múltiplos captadores sensoriais de que dispõe.

Esses microssensores fazem também da mão um órgão de informação e de comunicação. A presença de numerosas fibras, sobretudo na palma e nas extremidades dos dedos – mais de 17 mil – nos proporciona um tato modulado pela sensibilidade... de modo que é pela mão que entramos em contato com o mundo material. Sem que tenhamos consciência, ela nos fornece a cada dia milhares de informações sutis sobre a forma, a natureza, o aspecto de tudo que nos cerca e sobre o estado emocional de nossos próximos... A mão reflete igualmente a extensão impressionante de nossa cognição. Estimamos que essas atividades mobilizem cerca de um quarto das zonas do cérebro dedicadas aos movimentos, em particular o córtex motor (situado na parte posterior do lobo parietal), associado aos movimentos voluntários, e uma parte dos neurônios do cerebelo, desencadeando movimentos coordenados. Desta forma, as capacidades motrizes e sensitivas da mão puderam contribuir para o aumento de nossa cognição e para o tamanho de nosso cérebro.

Bipedismo, a mãe do corpo e da mão

Assim sendo, a mão não teria se desenvolvido sem o bipedismo, que é, portanto, sua origem. Aliás, ele é a fonte de várias outras transformações grandiosas e das quais precisamos nos conscientizar: o corpo humano só se tornou apto a se locomover permanentemente em posição vertical após uma série fantástica de adaptações relacionadas aos pés, joelhos, quadris, bacia, coluna vertebral, mas também à caixa craniana ou ainda ao ouvido interno... E uma infinidade de outras modificações biomecânicas afetaram os tendões dos pés, os músculos abdominais, o desenvolvimento do glúteo, a rigidez do pé, a força do chamado tendão de Aquiles, a construção dos ombros, a forma da pelve masculina e feminina (em posição ereta, eles acolhem todo o peso dos órgãos), etc.

O bipedismo também liberou nossos membros anteriores da locomoção a fim de incumbi-los de diversas outras tarefas. Enfim, ele remodelou inteiramente o corpo hominídeo, e essa imensa transformação não terminou, considerando que as dificuldades provocadas pela posição ereta não estão completamente resolvidas – pensemos no parto ou em nossa dificuldade para suportar nosso próprio peso por horas a fio sem sentir dores nas costas...

Além disso, o bipedismo serve igualmente à corrida, o que exigiu uma transformação anatômica. Quando corremos, a cabeça não deve balançar, pois o efeito seria destruidor. Isso envolve músculos poderosos para sustentá-la, cujo desenvolvimento alongou a silhueta humana no alto do corpo, bem diferente da dos macacos – você percebeu como a cabeça destes parece repousar sobre os ombros? Por sua vez, o corpo deve se manter ereto e estável, algo que se tornou possível com o desenvolvimento extraordinário de nossos músculos glúteos. Quanto ao nosso pé, ele também foi inteiramente remodelado a fim de armazenar durante a corrida a energia elástica necessária à planta do pé.

Além do mais, é evidente que nossos ancestrais já corriam, considerando que a prática cada vez mais frequente da corrida explica em parte uma de nossas características mais singulares num primata: a perda dos pelos. Mesmo o mais peludo entre nós é pelado! Isso é ainda mais estranho já que os pelos apresentam sérias vantagens: isolantes térmicos eficazes, eles protegem também contra a abrasão, a umidade, os raios de sol, os parasitas e a patogenia; ainda por cima, sua coloração, frequentemente marrom, camufla, e seus padrões ajudam a se reconhecer entre os membros da espécie. Como explicar essa particularidade?

Considerando que os esqueletos que compõem nossos registros fósseis, obviamente, não nos trazem respostas, é preciso raciocinar a partir daquilo que é propriamente humano no funcionamento desse órgão precioso que é a pele. Cada centímetro quadrado de nossa derme contém na verdade não menos de 600 a 700 glândulas, chamadas sudoríparas – literalmente, "produtoras de suor" – nas mãos e nos pés, 180 no rosto, 108 nos braços, 65 nas costas.

Pois bem, essas glândulas, particularmente as glândulas écrinas (responsáveis pela secreção), produzem na superfície da pele uma transpiração fluida, bem diferente da dos demais primatas, que é espumosa e umedece os pelos. Estes últimos não existem mais nos humanos, exceto em certas zonas corporais – axilas, púbis, mamilos –, e são associados às glândulas sudoríparas apócrinas, que reagem aos estímulos emocionais (físico e/ou sexual), mas não ao calor; eles se mantiveram também sobre a cabeça para nos proteger do sol, pois os pelos e os cabelos possuem a mesma estrutura.

Considerando essa exposição, os antropólogos relacionaram as linhagens cada vez mais desprovidas de pelo nos primeiros humanos às temperaturas predominantes na savana. Neste habitat, bem mais quente do que a floresta, dispor de uma pilosidade importante teria sido desvantajoso. Os indivíduos menos peludos teriam, por outro lado, se beneficiado durante longas marchas por longas distâncias em busca de recursos; e ainda mais quando se tratava de fugir rapidamente dos predadores. Assim, a baixa pilosidade e, depois, a nudez quase total teriam sido progressivamente selecionadas, enquanto o corpo humano desenvolvia de geração em geração uma regulação da temperatura corporal mais eficiente. Paralelamente, a pele escureceu: ela se cobriu de pigmentos, o que ajudou nossos ancestrais que permaneceram em zona tropical a protegerem-se contra os raios solares.

A esse respeito, notamos uma evolução paradoxal posterior de certas linhagens que vieram viver no círculo polar ártico: a pele desses indivíduos empalideceu. Nessas regiões, de fato, é uma vantagem ter a pele translúcida, pois a vitamina D – indispensável, por exemplo, para a saúde dos ossos – só é sintetizada dentro da pele e sob efeito de um bombardeio de radiação ultravioleta. Sendo este insuficiente nas peles pigmentadas sob as nuvens do norte, uma seleção acumulou ali as linhagens de pele translúcida, tanto os Neandertais quanto os Denisovanos e, por fim, os Sapiens. Nosso primo Neandertal foi o primeiro branco na Europa, bem antes da chegada do Sapiens, cuja pele escura acabaria por se despigmentar ao longo da glaciação posterior, muito tempo depois de ter-se pigmentado para resistir ao sol africano.

Ignoramos quando exatamente a perda de pilosidade dos pré-humanos, depois a dos humanos, começou e quando ela engendrou nossa aparência atual. Visto que o mais antigo fóssil considerado humano data de 2,8 milhões de anos, é plausível que esse processo já tivesse sido iniciado no seio de linhagens de australopitecos, que viviam na savana há 3 milhões de anos. Teria sua conclusão coincidido com a emergência do *Homo*? A pergunta segue sem resposta, mas em todo caso ela coincide, segundo nossa opinião, com o advento da caça...

5

Caçando, nos agitamos em todas as direções

■ *Somente o desenvolvimento completo do conjunto bipedismo permanente, ferramenta, corrida, ombro catapulta e nudez tornou a caça possível. Esta se desenvolveu a partir de H. ergaster, a primeira forma humana de grandes dimensões. A coordenação necessária à caça veio através do grito e da mão, responsáveis pela primeira e mais antiga de todas as comunicações linguísticas, que gradualmente produziu a linguagem articulada.*

Não há outra maneira de caçar senão nu. Refletindo sobre isso, as evoluções concomitantes de uma baixa pilosidade e da capacidade de correr significam, de fato, os primórdios da caça, ou pelo menos da predação ativa. A fim de compreender o porquê, comecemos observando quão intensas foram as atividades de caça de nossos mais antigos ancestrais humanos.

Houve, primeiramente, a evolução da macrofauna africana ao longo do Paleolítico. Estudando o registro fóssil dos macropredadores africanos, os paleontólogos Lars Werdelin, do Museu de História Natural de Estocolmo, e Margaret

Lewis, da Universidade Richard Stockton, em Nova Jersey, Estados Unidos, demonstraram em 2013 que entre 2 e 1,5 milhões de anos, as hienas, leões de dente de sabre e outros carnívoros gigantes arcaicos da África despareceram. Os caçadores certamente não os atacavam diretamente, mas suas buscas incessantes de recursos e sua presença na natureza favoreceram os carnívoros mais modestos que caçavam em grupo.

Essa atividade intensa de caça se traduzia, na verdade, por uma prática frequente da corrida. Todos sabemos que os humanos correm em vários ritmos, seja com rapidez quando fogem ou atacam, seja lentamente e de modo constante para transpor longas distâncias. A adaptação de nossas pernas a esses dois regimes parece por si própria dizer que nossos ancestrais, por um lado, exploravam o ambiente (em grupo) a fim de encontrar recursos, e por outro lado, se precipitavam às vezes para evitar um ataque ou perpetrar um.

Correr com os Sans para voltar com alguma coisa

A caça e a perseguição dos antílopes praticada por uma população de caçadores-coletores dos desertos do sul da África Austral (sul), os Sans, não deixa de evocar essas faculdades: considerando que os grandes predadores não caçam durante o dia a fim de evitar o sol, os Sans aproveitam o dia para perseguir os antílopes na mata. Evidentemente, eles não podem se igualar em velocidade, mas graças à sua aptidão para correr e a seu sistema de sudorese, são bastante resistentes. Após incontáveis quilômetros de perseguição, o animal, por sua parte um especialista em corrida de evasão, é obrigado a parar e se deitar para se recuperar. Os caçadores então se aproximam e o matam sem muita dificuldade, mesmo quando o animal é grande.

Outras estratégias de caça, como as batidas, são igualmente fundadas na premissa de que, se os antílopes ou os veados correm rápido, eles acabam se desesperando quando são perseguidos por muito tempo. Além disso, mesmo se é difícil saber, a primeira forma de caça sem dúvida visava as aves, já que uma pedra bem lançada podia quebrar uma asa. Nesse ponto, salientemos mais uma vez que a construção particular do ombro humano faz de nós animais capazes de projetar um objeto a uma velocidade superior à de qualquer outro animal: até 160 km/h, no caso de alguns arremessadores de beisebol!

No entanto, a predação só pôde surgir progressivamente no meio de uma profusão de formas de se buscar recursos à sobrevivência. Os paleoantropólogos consideram que no estado evolutivo a partir do qual a humanidade emergiu, essas atividades compreendiam colheita da flora e recuperação oportunista de animais já mortos (necrofagia). Ignora-se, contudo, se a caça já fazia parte dos comportamentos habituais. O estudo dos grupos de caçadores-coletores sub-históricos ou atuais demonstra ainda que, em ambiente tropical, a colheita fornece cerca de 70% dos recursos alimentares. A partir daí, pode-se dizer, os comportamentos dos caçadores devem ter se desenvolvido graças ao bipedismo, à corrida, à transpiração, e ao ombro catapulta, adquiridos, portanto, ao fim do processo de hominização, com a primeira forma humana de tamanho grande: *H. Ergaster*, a primeira forma humana cujas proporções corporais são semelhantes às nossas.

Em busca do primeiro *Homo* corredor

A arqueologia pode nos confirmar isso? Matthew Bennett, da Universidade de Bournemouth, no Reino Unido, analisou as pegadas dos *ergasters* de 1,5 milhão de anos descobertas no sítio de Ileret, no Quênia. Ele constatou que o *H. ergaster* possuía um pé arqueado e praticava a flexão do pé indispensável à corrida. Morfologicamente distintas das pegadas deixadas pelos australopitecos de Laetoli, já mencionadas, datando de 3,8 milhões de anos, os vestígios de Ileret sugerem, além disso, uma estatura de cerca de 1,75 metros. Segundo Yvette Deloison, "essas pegadas são a prova de uma anatomia especializada para marchar e correr". Resumindo, há 1,5 milhão de anos, a marcha e a corrida modernas já existiam, assim como uma estatura suficientemente grande para desenvolver uma certa potência física!

Os sucessos das predações favorecidas pela marcha e pela corrida do *H. ergaster* são também visíveis na estrutura de um de seus habitats, descoberto em 1979 no sítio de Koobi Fora, na costa oriental do Lago Turkana, no Quênia. Neste refúgio de caçadores-coletores, uma grande parte da superfície ocupada, ou seja, mais de 100 metros quadrados, era dedicada a atividades relacionadas ao consumo de carne. A predação dos clãs de *H. ergaster* já era, portanto, suficientemente eficaz para resultar na instalação do que bem poderíamos chamar de um matadouro. A coordenação que regia essa predação, aliás, pode ser observada no sítio com pegadas de Ileret, onde vestígios de passos parecem ter sido deixados por "inúmeros machos" se deslocando juntos ao longo de um lago ao qual os animais vinham para saciar a sede. Tudo indica que se trata, portanto, de pistas criadas por um bando de caçadores se deslocando sobre uma margem lodosa! Reconhecemos neste ponto uma das características centrais da humanidade paleolítica: ela era formada por bandos de caçadores em busca de presas, enquanto, sem dúvida, grupos de colhedoras acompanhadas pelas crianças e pelos homens idosos garantiam uma parte considerável da alimentação. Sim, o *H. ergaster* consumia carne e sabia como consegui-la, talvez praticando, à maneira dos Sans, uma caça-perseguição ainda mais eficiente, já que bem coordenada.

Do corpo à mão, às palavras, à fala

Como já dissemos, a mão liberada pelo bipedismo, ao nos ajudar a segurar, examinar, transformar e fabricar objetos, colaborou intensamente para nossa cognição. É preciso acrescentar seu papel no advento da linguagem, surgida da necessidade de coordenar o grupo (pré) humano dotado de

AS ÚLTIMAS NOTÍCIAS DO SAPIENS

uma cultura, e depois, a vantagem de se falar para reforçar o laço social. Capaz de transmitir emoções através do contato, a mão é de fato um dos primeiro órgãos da comunicação primata. Em outros hominídeos e em nossos ancestrais bastante remotos, ela era o instrumento de higiene social (o leitor se lembrará de quando mencionamos a catação de piolhos), uma forma de comunicação tátil essencial para a coesão do grupo. Bastou o gesto se tornar o símbolo de uma emoção para que nascesse a primeira linguagem simbólica, que consequentemente nos parece ter sido manual.

Ainda hoje, todo humano desejando reforçar uma emoção comunicada pela palavra falada, tem o reflexo de gesticular com as mãos, modulando o significado do que diz. Além disso, nós nos servimos frequentemente das mãos para, de certa maneira, falar. Você não acredita? Pare um instante e veja tudo o que você é capaz de "dizer" com as mãos: venha, vá, dor de cabeça, triste, mexa-se, pare, atenção!, etc.

Seja essa atividade complexa e muito codificada, no caso dos italianos, ou mais simples, para outros povos, somos obrigados a constatar que ela é espontânea e organizada, como a linguagem.

Pois bem, em 2014, depois de analisar o conjunto das pesquisas e experiências sobre a questão, Catherine Hobaiter e Richard Byrne, do Grupo de Pesquisa sobre os Primatas na Universidade de St. Andrew, Escócia, assinalaram que essa tendência a utilizar simultaneamente as mãos, o corpo e a modulação vocal para se comunicar com um parceiro em função de

CAÇANDO, NOS AGITAMOS EM TODAS AS DIREÇÕES

seu nível de observação (por exemplo, para dizer: "Atenção, cobra!") existe no comportamento dos grandes símios. Isso, assim como o caráter espontâneo e quase inconsciente em inúmeras situações dessa forma de comunicação simbólica, prova sua antiguidade. Entre os primatas, a linguagem simbólica ocorreu através do corpo (ameaçar, exprimir submissão, etc.) e logo se prolongou até a mão e as modulações vocais (acenar de longe, alertar, etc.). É baseado nisso que, em nós, humanos, essas modulações acabaram tomando a forma sonora das palavras, em outros termos, símbolos acústicos. Ao longo desse processo, o aparelho fonador (órgãos envolvidos na fala) necessário evoluiu progressivamente. Aí está uma característica humana de fato irrefutável: a linguagem simbólica corpo-mão-sons típica dos primatas desenvolveu-se em nós resultando nas linguagens corporal, manual e articulada, das quais somos os únicos primatas a conhecer a aplicação independentemente umas das outras...

Falar com a mão

Segundo nossa hipótese, a comunicação através da mão induziu à linguagem oral, antes que mãos, corpo e linguagem evoluíssem juntos. Quando esse ciclo amplificador teve início? Conforme o esquema de Leslie Aiello e Robin Dunbar, um grupo de *H. ergaster* desprovido de linguagem precisaria investir 25% de seu tempo em higiene social. No entanto, a coordenação complexa das atividades importantes (colheita, predação e talho da carne) de um grupo torna verossímil que os bandos de *H. ergaster* já dispusessem da possibilidade de se organizar verbalmente.

Sem dúvida, a primeira linguagem tinha mais a ver com o código do que com a verdadeira linguagem articulada, na medida em que ela resultava da comunicação animal existente entre os hominídeos pré-humanos. Por outro lado, nossa capacidade atual de linguagem é elaborada, mas igualmente abstrata, pois nos permite comunicarmo-nos não apenas a respeito de objetos, fatos e situações concretas, mas também de objetos, fatos e eventos imaginários. A partir de articulação extremamente complexa, ela se diversificou em uma infinidade de línguas diferentes (mais de 7 mil existiriam atualmente), em múltiplos códigos de comunicação técnica (linguagem informática, números de telefones, etc.) e em várias formas fonadoras (linguagem articulada, gritos, linguagem assobiada, cantos, etc.). É evidente que uma forte diversificação significa grande antiguidade: um fenômeno que a diversidade de línguas e códigos empregados pela humanidade ilustra de modo surpreendente.

Mas quando nasceu a linguagem?

E se a genética viesse nos ajudar a estimar essa antiguidade? Desde o final dos anos 1990, conhecemos pelo menos um gene que desempenha um papel no controle da linguagem articulada: o gene FOXP2, às vezes apresentado abusivamente como "o" gene da linguagem. A versão desse gene presente nos chimpanzés difere da nossa. Por sinal, sabemos que os homens de Neandertal (350 mil–40 mil anos antes de nossa era) carregavam a mesma versão que nós. A partir daí, podemos concluir que o ancestral comum do Sapiens e do Neandertal possuía nossa versão do gene FOXP2, que portanto existe há pelo menos 600 mil anos, época em que vivia o *H. heidelbergensis*, nosso ancestral.

É impossível recuar mais no tempo através dos genes. Contudo, considerando a presença de um modo de comunicação corporal, a mão e as modulações vocais que nosso ancestral comum tem com os grandes símios e a existência de uma cultura material transmissível nos australopitecos há mais de 3,3 milhões de anos, parece plausível situar a emergência de uma primeira forma de linguagem articulada anterior ao Lomekwiano, ou seja, entre os *ardipithecus* e os *australopithecus*. Portanto, há algo entre 4 e 3,5 milhões de anos. Trata-se apenas de uma conjectura, que será difícil confirmar.

As moldagens do interior do crânio realizadas pelos paleontólogos podem, todavia, nos ajudar um pouco. Os fósseis associados ao gênero *Homo* atestam, após 1,8 milhão de anos, uma modificação em relação aos australopitecos (dos quais, os derradeiros, os *Paranthropus* desapareceram há somente 1,2 milhão de anos). No entanto, o gênero humano poderia ter um milhão de anos a mais, porém não dispomos atualmente de nenhum fóssil de crânio humano desse período.

Entretanto, se ousarmos considerar que a divergência constatada entre as formas cranianas dos australopitecos e dos humanos verificadas há cerca de 1,8 milhão de anos tenha evoluído bem antes, o que isso nos mostra? Ela se traduz, nos representantes do gênero *Homo*, numa assimetria cerebral que, no *H. sapiens*, tornou-se particularmente pronunciada. A parte esquerda de nosso cérebro, na verdade, não é o reflexo de sua parte direita e esse fenômeno é antigo. O exame da superfície cortical prova ainda a presença, no *H. habilis*, de uma área de Broca.

Descrita em 1861 como área motriz da linguagem articulada pelo médico e antropólogo Paul Broca (1824-1880), esta área está situada sobre o lobo frontal esquerdo do córtex cerebral. Como a área de Broca é uma estrutura importante do córtex, sua evolução, como a de qualquer dispositivo biológico complexo envolvendo a participação de um número imenso de genes, é estimada em centenas de milhares de anos, mais do que em dezenas... A partir daí, constatamos que, pelo menos no plano das ordens de grandeza, a hipótese de uma evolução de uma espécie de protolinguagem nos australopitecos antes do aparecimento das primeiras ferramentas em Lomekwi – ou seja, pelo menos 0,5 milhão de anos antes da mandíbula presumida do pré *H. habilis* LD 350-1 – é no mínimo plausível!

De qualquer forma, uma coisa é certa: há cerca de dois milhões de anos, a biologia do *Homo* lhe forneceu meios – bipedismo integral, ferramenta, linguagem, etc. – para desenvolver uma exploração social cada vez mais ampla do território. E ele os utilizará para explorar... todo o planeta.

6

A primeira conquista do planeta

■ *Antes do Sapiens, inúmeros êxodos da África se sucederam, sem que saibamos exatamente quando ou como. Seus raríssimos vestígios fósseis e, mais numerosos, vestígios líticos, nos ensinam que eles começaram muito cedo, bem antes de 2 milhões de anos, sem dúvida. Resultados de diversos movimentos migratórios e de miscigenações, esses primeiros Eurasianos se misturaram em seguida com os Sapiens quando estes, por sua vez, saíram da África.*

As saídas da África do *Homo* estão entre os maiores eventos geológicos e históricos da história da Terra (Fig. 10). Na verdade, os humanos se distinguem do resto dos animais pelo fato de seus ancestrais terem abandonado as florestas tropicais para se adaptarem, de início, às savanas africanas, depois às paisagens semidesérticas, e em seguida às paisagens mediterrânicas e depois, depois, depois... a todos os climas, inclusive o polar.

O *Homo* obteve êxito nessas incontáveis adaptações, em grande parte após ter avançado para fora da África. A partir dos dados arqueológicos e paleogenéticos, os

10 À conquista da Eurásia: as primeiras saídas da África

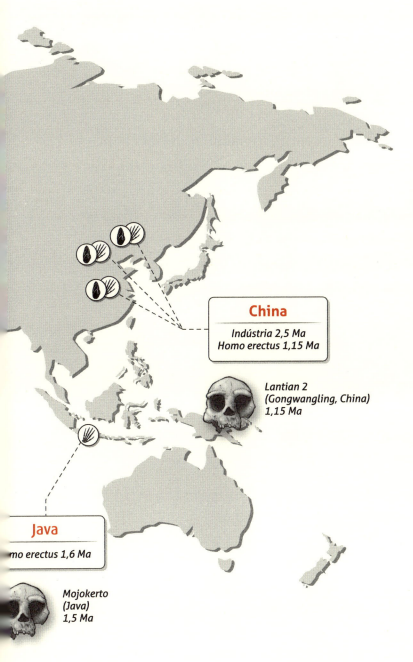

pré-historiadores distinguiram três principais movimentos de saída da África. De nossa parte, pensamos que de fato, entre o primeiro fluxo migratório, há mais de dois milhões de anos, o segundo, há cerca de 600 mil anos, e o terceiro, há aproximadamente 200 mil anos, a África, como uma panela de pressão, lançou sem cessar lufadas humanas e, por outro lado, também as absorveu.

Tornou-se hábito resumir o conjunto de formas humanas que deixaram a África, há dois milhões de anos ou mais, num só termo: *Homo erectus*. Trata-se do nome que era empregado no passado para designar a forma africana *H. ergaster*, às vezes também chamada "*Homo erectus* africano". Dessa maneira, o nome *H. erectus* leva a pensar numa forma humana de tamanho e cérebro desenvolvidos, mas como veremos, as coisas não são assim tão claras.

Se, em vários lugares da Ásia, vestígios de ocupações humanas são de fato perceptíveis pela presença de ferramentas talhadas (Fig. 11), os restos fósseis são extremamente raros. Foi em Dmanisi, Geórgia, que a partir de 1991 foram descobertos os mais antigos fósseis humanos na Ásia: eles datam de 1,8 milhão de anos. Os fósseis de Dmanisi – vários crânios completos, mandíbulas e outros restos pós-cranianos – surpreenderam por sua diversidade, a tal ponto que certos paleontólogos estabeleceram uma nova espécie: *Homo georgicus*. E discussões sem fim foram travadas sobre o nome de espécie a lhe ser atribuído. Para alguns pré-historiadores, as fracas capacidades cranianas de certos espécimes sugerem

⑪ As principais culturas materiais

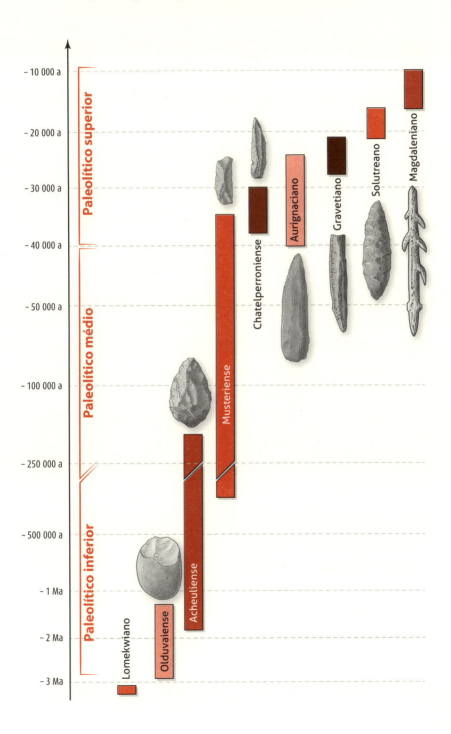

que o *H. habilis* viveu por algum tempo em Dmanisi, impressão reforçada pelo fato de, entre as ferramentas de pedra encontradas nesse sítio, não haver nenhum biface. De fato, a produção desse tipo de cutelo, que é encontrado na África desde 1,8 milhão de anos, passa por uma das características culturais do *H. ergaster*, que tornou-se *H. erectus* na Ásia. Dessa forma, grupos de *H. habilis* poderiam ter sido os primeiros a seguir os rebanhos para fora da África. Simplificando: o *Homo*, numa forma que os antropólogos denominam *H. erectus*, penetrou na Ásia há mais de dois milhões de anos!

Isso nos é comprovado pela Ásia continental e insular, pois foi lá que os primeiros vestígios de presença humana foram identificados. Todos foram encontrados em regiões de clima quente, o que, obviamente, sugere que os homens tropicais que saíram da África há mais de dois milhões de anos investiram primeiro em ambientes mais quentes, antes de abordar a zona temperada! Deste modo, na Indonésia, os primeiros vestígios de indústria talhada e de restos humanos datam de cerca de 1,6 milhão de anos, em Mojokerto e Sangiran, que hoje se chama ilha de Java (ocasionalmente anexada à Ásia); no mesmo local, assim como em Trinil, na mesma ilha, foram igualmente descobertos fósseis com cerca de 800 mil anos.

Na China, uma indústria lítica (conjunto de pedras talhadas), cujo autor não se conhece bem, teria sido verificada desde 2,5 milhões de anos, em Longgupo, na província de Chongking (clima subtropical); uma outra, datada de 2,2 milhões de anos, em Renzidong, no Anhui (clima subtropical) e no sítio de Shangchen, situado na China central, de 2,12 milhões de anos. Depois, após um longo período sem sítio conhecido, as pedras talhadas se tornam mais numerosas na China temperada a partir de 1,7 milhão de anos, ou seja, a idade aproximada dos fósseis de Dmanisi. Manifestamente, o *H. erectus* asiático se tornou capaz de se aventurar em climas temperados.

H. erectus chega à Europa sem visto

Depois de Dmanisi, os primeiros vestígios de presença humana na Europa datam de aproximadamente 1,5 milhão de anos. De início, são vestígios indiretos – ferramentas líticas (sem bifaces) ou marcas de ferramentas afiadas sobre os ossos, que foram achados sobretudo no sul do continente, em Pirro, por exemplo, ao norte da Itália; na Espanha, em Andaluzia, em Fuenta Nueva e em Barranco León, e perto de Atapuerca, em Sima del Elefante; em seguida, por volta de 1,4 milhão de anos, aparecem os primeiros restos fósseis: um dente de leite humano em Barranco León e uma mandíbula datada de cerca de 1,2 milhão de anos, em Atapuerca.

A partir de cerca de 1 milhão de anos, os vestígios humanos se multiplicam na Europa. Aparentemente, a parte da Europa situada ao norte do 40° paralelo norte (o eixo

Madri-Sardenha) não foi ocupada até cerca de 800 mil anos, período em que 12 vestígios surpreendentes de passos foram gravados na lama, e posteriormente fossilizados, de um antigo estuário localizado perto de Happisburgh, leste da Inglaterra. Essas pegadas, as mais antigas já encontradas na Europa, nos informam sobre o tamanho desses primeiríssimos europeus nórdicos: o alcance de seus passos, a profundeza de suas pegadas e o tamanho de seus pés indicam que pelo menos cinco indivíduos medindo entre 90 cm e 1,7 m pisaram no solo da ilha atlântica, então ligada ao resto da Europa: eram adultos acompanhados de crianças.

Por volta de 600 mil anos, o surgimento repentino na Europa de sítios contendo bifaces evoluídos parece traduzir a chegada de um novo humano que é identificado como *H. heidelbergensis*. Convém assinalar que o biface é conhecido fora da África, particularmente no Oriente Próximo, por exemplo no sítio de Oubedja, em Israel, há 1,4 milhão de anos. Associado a uma cultura material denominada Acheulense, o *H. ergaster* evoluiu na África, resultando no *H. heidelbergensis*, que se tornará o *H. sapiens*. Uma vez na Europa, o *H. heidelbergensis* deriva geneticamente, sem dúvida hibridando com os primeiros ocupantes do continente e evoluindo de maneira gradual até a forma puramente europeia do *H. neanderthalensis*; aliás, acredita-se que o *H. heidelbergensis* tenha chegado também à Ásia, onde teria gerado uma terceira forma humana moderna – a dos homens de Denisova – cuja existência foi descoberta graças à genética, já que o único fóssil seguro que temos são... um dente e uma falange da mão contendo DNA.

O genoma denisovano nos revelou que nossos ancestrais foram o produto de inúmeros deslocamentos de populações vindas da África. Daí resultou uma dinâmica complexa de mestiçagem e de fluxos gênicos, das quais saíram as populações da Eurásia. Desta forma, os ancestrais dos eurasianos se misturaram com os Neandertais e com os Denisovanos. Hoje em dia, os Sapiens que mais trazem vestígios dessa mestiçagem são os aborígenes da Austrália e os Melanesianos (Oceania), cujos genes ainda contêm de 5% a 6% de genes denisovanos, contra 1% para os dos Sapiens vivendo na Ásia continental.

7

E o *H. sapiens* aparece...

■ *Pensava-se que o Sapiens descendia simplesmente do* H. heidelbergensis, *na África Oriental, mas o que se descobriu foi que nossa espécie evoluiu por toda parte no grande continente, em uma rede de habitats que variou com o clima e com as épocas. Assim que apareceu, o Sapiens desencadeou um processo de crescimento demográfico e, portanto, econômico, que o levou a ultrapassar os limites africanos. Ele vivia em bando, e essa primeira forma de sociedade marcou profundamente sua psique, dotando-o de um profundo sentimento de pertencimento ao grupo, de um imenso talento empático e de certas tendências ao altruísmo.*

E quanto ao *H. sapiens* atualmente? Até aqui, só falamos de *Homo*, mas tudo o que evocamos diz respeito ao *Sapiens*, visto que diz respeito ao gênero humano. Agora, tratemos de nosso tema: *H. sapiens*! Esta forma humana também provém do *H. heidelbergensis*, mas na África. Foi lá que o Sapiens surgiu no registro fóssil, mas sem que sua procedência seja certa. Se existe um berço dos Sapiens, este se confunde com o do *H. heidelbergensis*, que descende do *H. ergaster*, ou digamos, dos portadores da cultura material acheulense, que encontramos... em todo canto da África. Entretanto, a falta de fósseis, muito particularmente uma lacuna entre 600 mil e 260 mil anos, reduz as possibilidades de associar de maneira confiável o *H. heidelbergensis* às formas humanas antigas e ao *H. sapiens.*

Até recentemente, o registro fóssil do Sapiens era simples: além dos dois crânios com nomes quase predestinados de Omo-1 e Omo-2, datados de 196 mil anos atrás e encontrados no vale do Omo, Etiópia, não conhecíamos senão um crânio incompleto, com 285 mil anos de idade, descoberto em Florisbad, na África do Sul, e alguns fragmentos de crânio de 125 mil anos atrás, encontrados nas grutas do Rio Klasies, no mesmo país. Eles comprovam a presença na África, há cerca de 285 mil anos, de uma forma humana de testa larga. Desde então, a situação se complicou seriamente...

Em 2008, Misliya-1, uma metade esquerda de mandíbula datada de 177 mil a 194 mil anos, foi descoberta no Monte Carmelo, em Israel. Depois, em 2017, foi realizado novo exame do sítio de Jebel Irhoud, no Marrocos. Estes últimos fósseis têm uma longa história. Foram revelados nos anos 1960, acompanhados de ferramentas talhadas com a técnica Levallois, até então exclusivamente associada ao Neandertal, antes de os qualificar como "Neandertaloides", pois algumas partes de seus crânios os distinguiam dos Neandertais europeus. Finalmente, após a descoberta de uma mandíbula nos anos 1990, os paleoantropólogos os separaram dos Neandertais.

Esse esclarecimento explica por que, a partir dos anos 2000, uma equipe dirigida por Jean-Jacques Hublin, do Instituto Max-Planck de Antropologia Evolucionista de Leipzig, Alemanha, retomou o estudo do sítio e do material fóssil. Em 2017, novos métodos de análise salientaram que os humanos de Jebel Irhoud eram Sapiens arcaicos. Ora, sua nova datação, através de toda uma série de métodos independentes (as ferramentas que os acompanhavam, os estratos que continham), produziu um resultado alucinante: 315 mil anos!

Um resultado tão inquietante que criou um certo ceticismo entre vários pré-historiadores... Um fato persiste: ele mudou a visão que se faz sobre a emergência do *H. sapiens*. A presença de Sapiens arcaicos no norte da África há cerca de 300 mil anos, na verdade, faz caducar a ideia de um berço dos Sapiens e sugere uma presença panafricana desse humano.

Vejamos os detalhes, ainda mais que essa ideia robusta acaba de ser apoiada por um amplo consórcio científico: após examinar de perto o conjunto de dados climáticos, genéticos e culturais caracterizando o período de emergência do Sapiens, esses pesquisadores demonstraram que a evolução humana na África foi multirregional. Se uma tendência geral à emergência das características dos humanos atuais é perceptível, fica claro que bolsões de populações apresentando uma mistura de traços modernos e arcaicos existiram num lugar durante um certo período e em outro durante um período distinto. Durante a emergência do Sapiens, "a evolução das populações humanas na África foi multirregional; nossa ascendência, multiétnica; e a evolução de nossa cultura material, multicultural", resume Eleanor Scerri, da Universidade de Oxford, coautora desta síntese.

Sapiens, desde sempre um homem conectado

Essa conclusão tem um significado fundamental, tanto no que diz respeito à nossa origem quanto à África como berço da humanidade. O maior de todos os continentes era manifestamente coberto por uma rede de habitats. As formas humanas sempre circularam e interagiram no seio desses habitats interligados, frequentemente sob influência das mudanças climáticas. Essa estrutura interna torna mais do que plausível a tendência humana a se expandir para fora da África, onde, em função do clima, se estendiam com frequência os ecossistemas do norte e do leste da África.

Foi assim que, como o *H. ergaster* e o *H. heidelbergensis* antes dele, o *H. sapiens* abandonou a África sem perceber, há mais de 200 mil anos. Ora, antes de Misliya-1, o *H. sapiens* tinha supostamente deixado o berço da humanidade para conquistar o planeta há somente 60 mil anos!

Como interpretar essas descobertas? Já o dissemos: o mais verossímil é que o *H. sapiens* descende do *H. heidelbergensis*, mas é certo que a evolução dessa forma na África permanece coberta de enigmas. No máximo, ela assinala a emergência em todo o continente, algo entre 300 mil e 400 mil anos atrás, de um novo tipo de indústria lítica, caracterizada por uma tendência à miniaturização e uma generalização da técnica de Levallois de talhe de lâminas afiadas já mencionada. A evolução biológica – ou seja, a passagem do *H. heidelbergensis* para formas menos arcaicas – teria sido um processo complexo de troca de ideias e de genes à escala africana. Consideremos então simplesmente que o *H. heidelbergensis* evoluiu para *H. sapiens* no seio da rede de habitats africanos, cuja extensão, há cerca de 600 mil anos na Europa, produziu os Neandertais.

Uma revolução cognitiva?

O comportamento do *H. sapiens* é singular: ele subjugou todo o planeta e transformou profundamente a maior parte dos ecossistemas, chegando a influenciar o clima global... Onde se ocultam as chaves para entender esse comportamento? Em nossa opinião, no plano biológico, nada de impressionante é suscetível de explicar a singularidade do Sapiens. Uma ideia difundida – por exemplo, no livro *Sapiens* de Yuval Noah Harari – é a de que teria havido uma "revolução cognitiva" que distinguiria o Sapiens de outros humanos. Nós consideramos falsa essa ideia, pois, nas mesmas épocas, o Neandertal e o Sapiens possuíam habilidades técnicas de mesmo nível (mesma cultura material), falavam e empregavam linguagens simbólicas (adornos, pinturas, etc.). Ainda que inúmeros aspectos do corpo do Neandertal tenham sido diferentes – sua aparência em geral (atarracado), seu rosto (semelhante a um focinho), a forma de seu crânio (como uma bola de rúgbi), etc. –, os volumes cerebrais das duas espécies eram comparáveis (com vantagem para o Neandertal). Só bem mais tarde, quando o Sapiens já conquistou o planeta, que o desenvolvimento de sua vida social dará início à remodelagem de seu cérebro.

O estudo comparativo dos genomas do Sapiens e do Neandertal demonstrou que os Sapiens atuais apresentam uma centena de mutações. Ocorre o mesmo com a pele, os sistemas imunitários e musculares, enfim, com o corpo. No entanto, devemos inferir daí uma superioridade biológica do Sapiens em relação ao Neandertal? Não, isso seria um preconceito, considerando que lá onde as duas formas viveram em bandos nômades nos mesmos ambientes (Oriente Próximo e Europa), elas tiveram, segundo todas as indicações arqueológicas, eficácias predadoras e coletoras comparáveis, conviveram e fizeram trocas, inclusive de genes.

Crescei e multiplicai-vos

A partir desse ponto, o que realmente separa o Sapiens do Neandertal seria, antes, nosso comportamento dentro da natureza: enquanto, em todos os ecossistemas que conquistaram, os Neandertais sempre se regularam pela estabilidade e pelo equilíbrio com o meio ambiente, os Sapiens claramente desencadearam um processo de crescimento demográfico e econômico. Tomando cada vez mais espaço na natureza, eles provocaram a extinção na Eurásia, depois nas Américas, da maior parte das grandes espécies de mamíferos herbívoros (mamute, bisão, ursos da caverna, rinocerontes lanosos, etc.) e de humanos (Neandertais, Denisovanos, homem de Flores, essa pequena espécie humana descoberta na ilha de Flores, na Indonésia, etc.). Essas extinções foram, antes de tudo, produzidas porque os habitats das grandes espécies diminuíram ou desapareceram. Assim sendo, a presença do *H. sapiens* num habitat modifica suas condições de vida, porque ele tende a se expandir demograficamente (Fig. 12).

Essa capacidade de crescimento tem origem social: o Sapiens investe mais do que qualquer outra espécie em sua descendência. Dispomos de um indício seguro da antiguidade desse comportamento na diferença entre as velocidades de crescimento do bebê neandertal e do bebê sapiens: enquanto o primeiro tornava-se praticamente adulto aos 12 anos, o segundo continua a crescer, e sobretudo aprender, por um bom tempo. Este último período não parou de se expandir, à medida que cresceram a expectativa de vida e a complexidade cultural da sociedade. Hoje, pode-se constatar que o cérebro conclui seu crescimento por volta dos 25 anos, enquanto o período de aprendizado pode durar até 30 anos, ou mais.

⑫ Extinção dos grandes predadores na Europa após a chegada do Sapiens

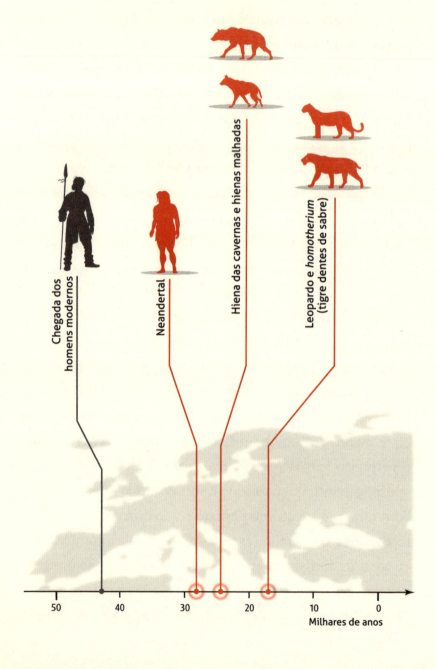

Assim sendo, em nosso ponto de vista, não foram as estruturas biológicas que criaram a singularidade da história evolutiva do Sapiens, mas sua complexidade social e cultural. Isso é comprovado por pesquisas em neurociência que demonstram que, se a herança genética desempenha papel fundamental no desenvolvimento de um pequeno Sapiens, os fenômenos que modulam a expressão de seus genes – a epigenética – são cruciais. O desenvolvimento do pequeno humano é modulado pelas suas condições de vida, ou seja, essencialmente pela alimentação que ele recebe e o meio que o cerca, portanto, pela sociedade, que, no caso dos Sapiens, logo se tornou mais extensa.

O bando, origem de todas as sociedades

A primeira forma de sociedade na qual viveram os Sapiens é a mesma conhecida de outras espécies: o bando, ou seja, o grupo errante de caçadores-coletores isolado na natureza e se coordenando para prosperar. Essa coordenação é necessária no espaço para as atividades de predação e colheita, mas também no tempo – através da transmissão de conhecimento de geração em geração. Como existem características biológicas, as características culturais transmissíveis circulam no seio do bando graças à imitação e à linguagem, formando sua tradição. E por mais surpreendente que possa parecer, as características culturais incutidas através do longo estado evolutivo do bando ainda estão em nós, tanto no nível do indivíduo quanto no da humanidade.

A mais impressionante entre elas, sendo a mais vital para o grupo humano, é o sentimento de pertencimento ao grupo. O desejo emocional de fazer parte de um grupo – do grupo que nos interessa! – é há muito tempo considerado pelos psicólogos como uma das necessidades humanas fundamentais. Esse traço psíquico foi impresso em nós por uma pressão seletiva tão simples quanto irresistível: se um bando pode sobreviver isolado na natureza, sozinho, um indivíduo está condenado à morte. Desta forma, visto que ao longo de milhões de anos os humanos foram programados pelos seus genes e pelas suas culturas para sobreviver, então eles também o foram para se identificar profundamente com o grupo, tonando essa sobrevivência possível. Tendo se introduzido em nosso consciente, este desejo de pertencimento continua em nós, que se trate de fazer parte de uma tribo, de uma comunidade, e mesmo de uma grande nação ou da humanidade.

No cerne do sentimento social, esse traço comportamental é o produto indireto da empatia humana – a capacidade de se representar mentalmente as emoções do outro. Graças à sua alta cognição, o Sapiens está na verdade em condição, e isso desde sua mais tenra idade, de se conscientizar de si mesmo: certos bebês conseguem passar, a partir de 18 meses de idade, no teste do espelho, isso quer dizer que reconhecem a si mesmos. Fortalecido por essa consciência de si, cada humano adquire uma capacidade de dimensão variável para se compreender, se identificar e, depois, calcular como se comportar de modo adaptado no âmbito de seu grupo.

Nosso talento empático e nossa vontade inabalável de pertencimento explicariam em parte a tendência quase universal dos humanos a proteger os fracos, e assim proteger o grupo. E isso nos inclina também a proteger, em caso de perigo, as "mulheres e as crianças", ou seja, o futuro do grupo, uma forma de altruísmo, que dentro de um bando encontra facilmente sua interpretação evolucionista: se a morte causada pelos chifres de um bisão a um macho ativo e bom caçador cria uma carência cruel, a perda de uma mulher é de fato imensamente mais grave, pois diminui de forma clara o poder reprodutivo do grupo, por exemplo, em 25% no caso de um bando de 25 indivíduos contendo quatro mulheres em idade reprodutiva.

Além disso, a necessidade altruísta de proteger se estende também às pessoas idosas, transmissoras de experiência. Nós dispomos de inúmeros testemunhos arqueológicos, sejam dos Neandertais de Chapelle-aux-Saints, na França, ou de Shanidar, no Iraque, acometidos de patologias, mas que ainda assim viveram até uma idade avançada. Ou ainda, esses Sapiens do Neolítico cujos crânios foram perfurados por ferramentas de pedra a fim de aliviá-los de uma dor na cabeça, sem dúvida causada por um golpe. Essa disposição humana a ajudar-se mutualmente, à qual devemos, por exemplo, a medicina, é verdadeiramente antiquíssima; um indício que corrobora essa impressão: Miguelón. Esse fóssil espanhol do *H. heidelbergensis*, de 500 mil anos foi descoberto no sítio de Sima de los Huesos, na província de Burgos, Espanha: ainda que apresentasse graves patologias ósseas, o indivíduo sobreviveu até a idade adulta, o que teria sido impensável sem a atenção dedicada de seu clã.

De onde vem o talento dos Sapiens para se multiplicar?

Todas essas características contribuem para a psicologia coletiva de um bando, seja de Sapiens ou não! Entretanto, nós achamos que os bandos de Sapiens devem ter tido alguma coisa de particular a mais, que explicaria sua espetacular multiplicação em todos os cantos do planeta. Mas o quê? Seus vestígios arqueológicos – os mesmos dos Neandertais da mesma época – não nos dizem nada. Esta característica comportamental distinta à origem do sucesso econômico e demográfico dos Sapiens deveria ser pesquisada em termos de repartição de tarefas entre os indivíduos e os sexos. Todas as observações etnográficas mostram de fato uma tendência à separação dos sexos e de suas tarefas no seio das sociedades de Sapiens caçadores-coletores. Essa separação foi, por sinal, reforçada no Neolítico e subsiste até hoje na maioria das sociedades. Estaria essa característica do Sapiens, inegavelmente antiga e tão depreciada atualmente, na origem do sucesso evolutivo de nossa espécie? A pergunta está feita.

8

A expansão do *H. sapiens* em todo o planeta

■ Há mais de 135 mil anos, os primeiros Sapiens deixaram o leste da África para se aventurar inicialmente na península arábica e, depois, ao longo da costa sul da Eurásia. Ao chegarem à Austrália, há 65 mil anos, e à China, há mais de 100 mil anos, eles se multiplicaram e permaneceram um bom tempo nessas regiões de clima quente. Em seguida, a partir de cerca de 60 mil anos, após terem se misturado com populações não Sapiens já presentes na Eurásia, eles se puseram a avançar para o norte, penetrando na Europa somente há cerca de 43 mil anos.

Ao deixar a África, o *H. sapiens* distinguiu nossa espécie de todas as outras, porque estas ficaram sempre sujeitas a um tipo de ecossistema, em sua maior parte tropical. O Sapiens, por sua vez, conquistou todos os biótopos da Terra, até a Antártica e o espaço vizinho à Terra, cujo clima ele também modificou... Uma modificação lenta em nossa escala temporal, o fenômeno foi explosivo em escala geológica.

Ignoramos quando esse evento extraordinário teve início, mas a metade da mandíbula Misliya-1 nos mostrou que *H. sapiens* arcaicos já viviam no Oriente há mais de 200 mil anos. Mais tarde, seus descendentes e, sem dúvida, alguns Sapiens recém-chegados, entraram em contato com os Neandertais que, enquanto isso, avançaram para o Oriente Próximo e depois para a Europa. Os inúmeros vestígios deixados pelas duas formas humanas nessa região são idênticos. Indícios genéticos sugerem, além disso, que trocas de genes ocorreram há cerca de 100 mil anos e até mesmo antes.

Aproximadamente nessa data, na verdade, grupos de Sapiens arcaicos deixaram sítios e numerosos fósseis bem conservados no Oriente, particularmente nas grutas de Skhul e de Qafzeh. Segundo um roteiro clássico, esses Sapiens arcaicos orientais teriam tido seu avanço para o norte bloqueado pela presença dos Neandertais. Entretanto, seu encontro com os Neandertais recém-chegados ao Oriente deve ter sido pacífico, já que a genética nos demonstra que há cerca de 100 mil anos, o Neandertal e o Sapiens se misturaram. Está claro, portanto, que não foram os Neandertais, mas o frio, que por muito tempo impediu os Sapiens de progredir para o norte.

Considerando que houve membros de nossa espécie no Oriente antes de 200 mil anos atrás, ou mesmo há mais tempo, segundo vários indícios (os fósseis das grutas de Qesem e de Zuttiyeh?), fica claro que da África saíram, primeiro, os Sapiens bastante arcaicos, depois, outros cada vez menos arcaicos, e isso ao longo de um extenso período.

A conquista do planeta se iniciou numa certa data e rumo ao sul, posto que, sendo homens tropicais, preferiam seguir nessa direção. Um índice tênue, mas importante, sugere uma "data de lançamento da conquista do planeta": os vestígios de presença de humanos no abrigo de Jebel Faya, situado perto de Dubai, no chifre da península arábica. Os estratos descobertos nesse abrigo desabado datando de cerca de 125 mil anos contêm bifaces, raspadores e outros fragmentos de valor: eles foram fabricados pelas técnicas de talhe características dos Sapiens que povoavam então a África Oriental.

Eles passaram pela Arábia

Daí vem a hipótese de que os Sapiens africanos penetraram e ocuparam a península arábica há mais de 125 mil anos. A esse respeito, assinalemos que o deslocamento da época das monções para o norte transformou regularmente essa península, hoje conhecida pela sua aridez, numa área verdejante onde pastavam rebanhos de grandes herbívoros. Esses episódios aconteceram portanto entre 160 mil e 150 mil anos atrás, depois entre 130 mil e 75 mil anos atrás. Ora, há 10 mil anos a Terra conheceu um período de aquecimento, no início do qual o nível do oceano mundial subiu muito rapidamente várias dezenas de metros, até alcançar cerca de dez metros acima do nível atual. Antes dessa escalada oceânica, a passagem entre a África e a Arábia, depois entre a Arábia e a Ásia, só pôde ser realizada pelo estreito de Bab-el-Mandeb, que separa Djibouti e o Iêmen, com 30 quilômetros de extensão e uma profundeza jamais superior a 30 metros, depois atravessando o Golfo Pérsico, com uma profundidade média de apenas 50 metros hoje em dia.

Assim, é esta última profundidade que nos indica em que época os primeiros Sapiens puderam passar em massa da África Oriental à Ásia pelo sul da península arábica: antes de 135 mil anos. A temperatura então era fria, o nível global do oceano, muito inferior e o clima, bem mais úmido no Saara e na península arábica. Condições semelhantes só puderam favorecer a expansão dos Sapiens desde a África Oriental até a Ásia, pois uma faixa de estepe ligando então um Saara verdejante ao subcontinente indiano, passando por Bab-el-Mandeb e o Golfo Pérsico. Além disso, os Sapiens provenientes do Oriente puderam descer para o sul da Mesopotâmia e se unir àqueles que passavam através da península arábica.

Da África à Austrália a pé

Em nossa opinião, os Sapiens, que foram mais numerosos a penetrar na Ásia há cerca de 135 mil anos ou antes, vinham da África Oriental. Tratava-se então de homens tropicais inadaptados ao frio, que só puderam avançar pela costa sul da Eurásia até a Austrália, já que pelo caminho persistiam climas tropicais e subtropicais. Quando essa primeira leva chegou à Austrália? Até 2017, essa hipótese era confirmada pelos três esqueletos Sapiens com cerca de 40 mil anos encontrados nas margens do Lago Mungo, em Nova Gales do Sul, portanto ao sul da Austrália. Mas depois...

Divulgada no mesmo ano, uma descoberta veio sacudir essa cronologia. Na verdade, ela indica que os ancestrais dos aborígenes poderiam ter chegado à Austrália há cerca de 65 mil anos. Investigando o abrigo sob a rocha de Majedbebe, no extremo norte da Austrália, uma equipe da Universidade de Queensland descobriu ferramentas líticas compreendendo especialmente vários cutelos que tinham sido arrumados e enterrados contra a parede rochosa do fundo do abrigo. Os pesquisadores as dataram então através de luminescência oticamente simulada, uma técnica que indica uma medida de tempo transcorrido desde que um objeto mineral entrou em contato com a luz solar (Fig. 13).

A data de 65 mil anos para a chegada dos Sapiens na Austrália é plausível, se admitirmos, como impõe o consenso científico dominante atual, que a primeira leva de Sapiens saiu da África por volta de 70 mil anos atrás? Não, pois isso significaria que os ancestrais Sapiens dos aborígenes levaram apenas cinco mil anos para percorrer aproximadamente 20 mil quilômetros de deserto, montanhas, selvas e mares! Se, por outro lado, considerarmos que essa primeira leva de Sapiens saiu da África há pelo menos 135 mil anos, ele teria tido mais de 70 mil anos para realizar essa mesma progressão.

13 Saídas dos Sapiens da África

Uma progressão demográfica

Tratando-se de caçadores-coletores que sequer tinham consciência de ter deixado o berço da humanidade, é preciso supor que essa marcha rumo ao leste foi feita tão inconscientemente quanto a saída da África. A partir daí, qual teria sido seu motor? O único imaginável é a tendência dos bandos de Sapiens a produzir novos clãs, já discutida ao final do capítulo precedente (nós a supomos relacionada à divisão sexual do trabalho). Durante esse lapso de tempo de 70 mil anos aproximadamente, os Sapiens teriam ocupado de início todo o sul da Ásia ocidental (Mesopotâmia do sul, Irã, Paquistão). Depois a Índia, Indonésia e, por fim, o sul da China.

Dispomos nós de indícios da presença dos Sapiens na costa sul da Eurásia? Sim, uma série de povos negros disseminados entre a África e a Austrália! O que de fato constatamos ao examinar o caminho assim definido? Percebemos que os indianos do sul – os Tamuls, particularmente – são de pele escura. Se a influência do norte é também perceptível, em especial na península indochinesa, a presença de populações de pele escura surpreende nas Ilhas Adamans (Índia), na península indochinesa, nas Filipinas e na Malásia. Basta observar a pele escura do povo da Nova Guiné (os Papus) e dos aborígenes da Austrália. Desta forma, um substrato de populações, cuja pele permaneceu escura – porque seus ancestrais nunca deixaram de viver sob os intensos raios ultravioleta característicos das zonas tropicais –, nos descreve claramente a rota das primeiras levas de Sapiens saídas da África.

Em compensação, dispomos somente de alguns raros indícios fósseis espalhados por essa rota. Mas convém notar que, na África também, temos atualmente pouquíssimos fósseis dos Sapiens. Esta situação, surpreendente porque o continente é o berço do Sapiens, se explica pelo fato de os eventos de fossilização serem extremamente raros sob os trópicos: isso não pode ser diferente na Índia, no sul da China, no sudeste da Ásia e no norte da Austrália.

No que diz respeito à Índia, a questão sobre a presença do Sapiens avançou depois da descoberta do sítio de Jwalapuram, no estado de Andra Pradesh, no sudeste do país: pré-historiadores indianos efetivamente localizaram ali ferramentas típicas do Paleolítico médio, dispersas embaixo, mas também em cima da camada de cinzas lançadas por uma megaerupção do vulcão Toba na ilha de Sumatra. Ora, essa catástrofe é seguramente datada de 74 mil anos atrás, de modo que se obtém um indício – ainda controverso – da presença dos Sapiens na Índia antes dessa erupção. Mas a partir de quando? De 100 mil anos atrás, certamente, mas isso ainda necessita de comprovações arqueológicas.

Consideremos então que, há cerca de 40 mil anos após a saída da África, todas as costas indianas e talvez uma parte do interior da Índia fossem povoadas por clãs de Sapiens. Aliás, um crânio de Sapiens com cerca de 60 mil anos de idade foi identificado na gruta de Tam Pa Ling, no Laos, por uma equipe comandada por Fabrice Demeter, do Museu do Homem, de Paris.

Os primeiros Sapiens chineses

Na verdade, os Sapiens já tinham se aventurado mais longe, já que temos quase certeza sobre a chegada dos homens modernos da primeira leva, por volta de 100 mil anos atrás, na China tropical. Na gruta de Fuyan, em Hunan (sul da China), uma equipe dirigida por Liu Wu, do Instituto de Paleontologia dos Vertebrados e de Paleoantropologia da Academia de Ciências da China, descobriu 47 dentes indubitavelmente de Sapiens, sob um chão de estalagmite datados de 80 mil anos pelo método de urânio-tório. Esses vestígios, como tudo que se encontra sob esse estrato de calcita, são, portanto, mais antigos. Os numerosos ossos de animais que foram encontrados ali constituem um registro da fauna selvagem, confirmando uma idade superior a 100 mil anos. Assim sendo, os raríssimos indícios ósseos de que dispomos, apesar do viés de fossilização tropical, sugerem que o sul do Oriente Próximo, a Índia, a Indonésia, a Austrália e o sul da China foram dotados de clãs de Sapiens muito mais cedo do que pensávamos. Se por um lado a Austrália só foi abordada a partir de 65 mil anos atrás e a China há 100 mil anos, parece-nos evidente que a costa sul da Eurásia tenha sido colonizada pelo Sapiens bem antes de 100 mil anos.

Sapiens no frio

Estamos entendidos quanto à costa sul da Eurásia e seus climas quentes, mas e no que diz respeito ao norte da Eurásia? Já o dissemos: os vestígios arqueológicos e étnicos sugerem seriamente que as primeiras levas de *H. sapiens* deixaram a África antes de 135 mil anos, depois avançaram pela costa sul da Eurásia sem abandonar os climas quentes aos quais esses homens tropicais estavam adaptados. No Oriente Próximo, como na China, esses primeiros Sapiens que saíram da África, provavelmente pouco numerosos, conseguiram subir para o norte e entrar em contato com eurasianos não Sapiens. Esse contato fica particularmente evidente no Oriente Próximo, considerando que os Neandertais conseguiram chegar à Mesopotâmia do Norte e ao Oriente, antes e após 100 mil anos atrás; pois bem, tudo indica que eles eram culturalmente bem próximos dos *H. sapiens* arcaicos. Como ocorreu na China central, essas primeiras populações de Sapiens eurasianos puderam se misturar aos eurasianos locais, os Denisovanos por exemplo.

Graças aos progressos da bioinformática, podemos dizer que dispomos de inúmeros indícios genéticos. Para começar, o sequenciamento completo do genoma de uma Neandertal que passou pela gruta de Denisova, na Sibéria central, há cerca de 50 mil anos, mostrou que, há cem mil anos, houve uma miscigenação entre os Sapiens arcaicos e os Neandertais locais. O oeste da Eurásia, lá onde os *H. sapiens* encontraram os Neandertais, nos fornece indícios sobre como essa miscigenação ocorreu. Observemos que, enquanto os Sapiens penetravam a Austrália situada a 20 mil quilômetros, só 43 mil anos depois eles começariam a penetrar a Europa, a 1.500 km de distância.

Sapiens, o mestiço

Como explicar tamanha discrepância? Teriam os Sapiens se chocado com os Neandertais? Não acreditamos sequer um segundo nessa hipótese. Os bandos pré-históricos, é importante lembrar, estavam perdidos na natureza; se não tivessem dado um jeito para escolher territórios de caça vizinhos, muito provavelmente nunca teriam se encontrado e desaparecido por conta de um empobrecimento genético. Segundo os dados paleodemográficos e genéticos de que dispomos, foi possível, por exemplo, estimar que o conjunto da população neandertal jamais ultrapassou 70 mil indivíduos; e os paleogeneticistas avaliaram a população neandertal efetiva, a que é útil para descrever a diversidade genética constatada, em somente 100 mil mulheres! Após todos os cálculos, isso corresponde a uma densidade populacional ínfima, da ordem de 0,01 habitante por quilômetro quadrado.

Após saírem da África, os *H. sapiens* já registravam, sem a menor dúvida, densidade inferior a essa. Se concordarmos com sua dinâmica demográfica vigorosa, necessária para explicar sua progressão rumo à Austrália, podemos pensar que, ao longo dos primeiros 40 mil anos de sua presença na Eurásia, eles não saíram do lugar, reforçando seus efetivos sob as baixas latitudes, ainda mais por estarem adaptados aos climas quentes. Certamente, puderam progredir enriquecendo-se genética e culturalmente, misturando seus genes aos dos eurasianos não Sapiens. Entre eles, podemos imaginar longínquos descendentes do *Homo erectus* e, graças à paleontologia, sabemos que a população eurasiana anterior à chegada dos Sapiens compreendia Neandertais, Denisovanos e o homem de Flores (uma população fóssil de humanos liliputianos descoberta na ilha de Flores, na Indonésia).

Miscigenação entre o Neandertal e o Sapiens

No que tange à miscigenação entre Neandertais e Sapiens, sabemos que os Sapiens se encontraram com os Neandertais no oriente, adaptados ao clima bem quente do Oriente Próximo. No entanto, as culturas e a biologia desses nômades originários do norte estavam aclimatadas ao frio. Desta forma, a miscigenação dos Sapiens com os Neandertais do Oriente Próximo, que com certeza transitavam rumo ao norte, só pôde prepará-los para avançar nessa direção. Por sinal, é provável que os Sapiens tenham progredido rumo à Sibéria e o que viria a ser a Rússia, antes de seguir para a Europa. Com aproximadamente 45 mil anos, a tíbia de

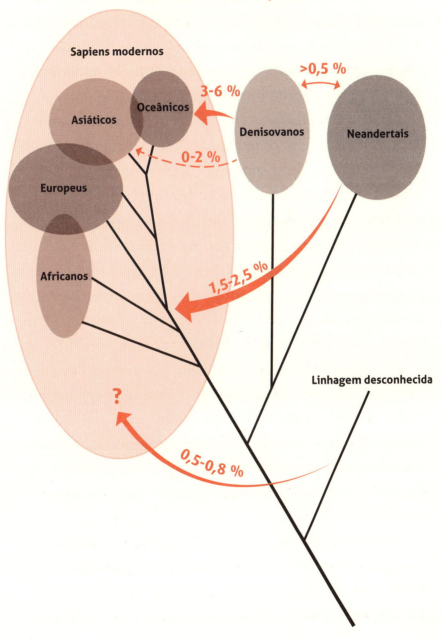

Ust-Ishim, na Sibéria, pertence a um Sapiens, cujos ancestrais se miscigenaram com os Neandertais por volta de 15 mil anos mais cedo. Os genes de um homem jovem morto há uns 36 mil anos no sítio de Kostenki 14, na Ucrânia, sugerem por sua vez uma miscigenação prévia entre Neandertais e Sapiens, algo em torno de 60 mil anos atrás (Fig. 14).

Em parte Sapiens, eles eram também suscetíveis a se misturar facilmente com os recém-chegados, vindos de regiões onde a densidade demográfica de Sapiens era elevada. E isso nos leva a sugerir que, como na América do Norte à época da conquista europeia, deve ter se formado uma espécie de frente demográfica em que predominavam os mestiços e as culturas mistas. De forma bem lenta, em 20 mil anos aproximadamente, ela progrediu para o norte, carregando a dinâmica demográfica dos Sapiens, que, pouco a pouco, tornou-se dominante. No entanto, quase 2.500 gerações depois do desaparecimento, provavelmente na Europa, dos derradeiros "Neandertais típicos" – sem dúvida, também mestiços –, os eurasianos apresentam ainda, em média, entre 1,8 e 2,6 do DNA neandertal em seus sistemas. Uma proporção considerável, levando em conta a erosão genética e de numerosas migrações que se realizaram depois. Um ponto surpreendente, inúmeros genes conservados apesar dessa erosão são aqueles de adaptação ao frio...

Um painel do conjunto se esboça: após ter se densificado ao sul, desde a África até a Austrália, a dinâmica demográfica dos Sapiens começou a roer a Eurásia, progredindo para o norte. Ela encontrou duas grandes populações, vagamente semelhantes graças aos fluxos gênicos, transitando pela estepe euroasiática: os Neandertais e os Denisovanos. Os eurasianos do oeste seriam então, sobretudo, o produto da miscigenação entre Sapiens da costa sul ocidental e os primeiros ocidentais, os Neandertais; os eurasianos do leste – particularmente os diversos paleoasiáticos – seriam assim essencialmente o produto da mestiçagem entre os Sapiens da costa sul oriental e os primeiros habitantes do Extremo Oriente, os Denisovanos, certamente.

Por volta de 45 mil anos atrás, uma vez que a miscigenação havia sido concluída, o trânsito pela estrada das estepes teria possibilitado outros intercâmbios, dos quais as populações siberianas, ameríndias e ainus são os produtos. A conquista do Velho Mundo está, então, em grande parte concluída. Do sul ao norte do planeta, o Sapiens se adaptou a todos os climas e a todos os biótopos, modificando profundamente as paisagens e a fauna, provocando de modo quase sistemático a extinção dos grandes mamíferos predadores, em especial – esses animais que dezenas de milhões de anos de evolução tinham colocado no alto das cadeias alimentares terrestres. Como explicar tal sucesso evolutivo – se é que se trata de um sucesso? Através da cultura e da estruturação social. Vejamos como.

9

As primeiras tribos

As primeiras aglomerações de bandos, e mesmo tribos, como culturas regionais, existem desde os Aurignacianos, há cerca de 40 mil anos. A gruta de Chauvet, na Ardèche, França, atesta o fato de elas terem logo se estruturado socialmente. A domesticação do lobo assinala a emergência de sociedades mais complexas e anuncia a domesticação do humano pelo humano. Este fenômeno de autodomesticação, hoje confirmado pela nossa anatomia assim como pelos nossos genes, estava em seu auge, o que comprova a multiplicação das técnicas, o semissedentarismo e a existência de classes nas sociedades gravetianas.

Há 40 mil anos, no começo do Paleolítico superior (basicamente entre 40 mil e 10 mil anos), a expansão planetária do Sapiens terminou no Velho Mundo. Quanto ao Novo Mundo, será preciso esperar 20 mil anos para que uma glaciação, ao baixar em 120 metros o nível do oceano global, lance o Sapiens na América pelo Estreito de Bering, que separa a Sibéria do Alasca. Em todos os continentes, a evolução humana passa então a ser essencialmente guiada pela evolução social. Esta vai produzir sociedades cada vez mais extensas e mais estruturadas: o mecanismo que conduz à globalização é acionado! Ele será acompanhado por um aumento geral da presença humana na natureza, que vai ser intensamente alterada à medida que, de forma progressiva, o Sapiens passará de uma economia coletora a uma economia produtora.

Assim, 40 mil anos atrás, no início do Paleolítico superior, as pessoas (sobre)viviam basicamente em bandos, e hoje elas (sobre)vivem massivamente no seio de sociedades que comportam às vezes bilhões de indivíduos. Na sequência, exploraremos, umas após as outras, as grandes formas societárias que surgiram entre esses dois extremos. Nós as rastrearemos sobretudo na Europa, onde nossos conhecimentos sobre a pré-história são mais amplos, e pararemos na criação das primeiras sociedades de grande escala, ou seja, as sociedades estatais.

Levando em conta a tendência ao aumento do tamanho do grupo social, a primeira forma societária que aparece no Paleolítico superior é a constelação de bandos compartilhando uma cultura, que em seguida se transforma numa tribo. Com este termo, designamos um grupo humano autogovernado partilhando uma mesma origem familiar, real ou suposta. Existiram portanto tribos de caçadores-coletores paleolíticos, tribos neolíticas, tribos romanas no início da história e, ainda hoje, existem inúmeras tribos. Se sugerimos que a tribo sucedeu o bando no começo do Paleolítico

15 A fábrica de Sapiens

Características biológicas

- Tamanho ao nascimento
- Poucos filhos e proporção equilibrada dos sexos
- Crescimento lento
- Maturidade sexual tardia
- Longo período de vida após a menopausa
- Longevidade

Características culturais

- Ferramentas, fogo, linguagem, cooperação social (para a caça, a educação...)
- Reprodução cooperativa
- Domesticação de plantas e animais

Modelagem da biologia humana através da cultura

- Pela alimentação
- Pela escolha do cônjuge
- Pelo modo de vida (altitude elevada, trabalhar (pescar) durante horas no mar...)

superior, é porque essa forma societária estava presente sob formas muito estruturadas e diversas em todos os continentes no momento em que os europeus as abordaram; ela se encontrava também presente sob formas variadas em todas as culturas que os autores da Antiguidade observaram e descreveram. Como uma presença planetária e uma grande variedade significam uma longa evolução, inferimos a partir daí que as tribos podem ter existido realmente desde muito cedo no Paleolítico superior (Fig. 15).

Cola social

Essas primeiras tribos provavelmente resultaram do crescimento demográfico dos bandos. Todavia, ainda que vários bandos gravitando uns em torno dos outros num determinado território tivessem consciência de compartilhar uma mesma origem, uma "cola social" é indispensável para que uma cultura comum se mantenha. As observações etnográficas sugerem de fato que os membros de um bando de caçadores-coletores só trabalham em média cinco horas por dia, dividindo em seguida o que foi coletado. Sendo assim, por que se agregar e adotar a vida social coercitiva de um grande grupo? Para tanto, fez-se necessário que, num bando ou num conjunto de bandos, determinados atores sociais trabalhassem para criar uma cultura adequada que funcionasse como "cola social".

AS PRIMEIRAS TRIBOS

Suas motivações foram certamente diversas. Algumas dentre elas são evidentes, como adquirir vantagens sociais; outras foram pragmáticas, como, por exemplo, formar grandes equipes de caça para abater juntos grandes animais que oferecessem de uma só vez grande quantidade de recursos. Na verdade, durante os frios períodos pré-glaciais da primeira metade do Paleolítico superior, o bando da estepe euroasiática dispunha de numerosos rebanhos de grandes herbívoros, facilmente reparáveis na paisagem e cuja captura em armadilhas podia ser prontamente planejada. O caso de um mamute abatido há 45 mil anos na Sibéria central numa margem do Rio Ienissei, no interior do círculo polar (!) ilustra esse fenômeno. O animal, que recebeu múltiplos golpes de numerosos caçadores, talvez tenha sido voluntariamente empurrado para uma margem lodosa onde, imobilizado, puderam matá-lo sem dificuldades...

Os artistas subvencionados da gruta de Chauvet

Quaisquer que tenham sido os interesses pessoais ou coletivos que conduziram às primeiras aglomerações de bandos, é evidente que, há cerca de 40 mil anos, tribos já bem estruturadas socialmente, portanto provavelmente enormes, já existiam. É o que nos sugere a gruta de Chauvet, uma caverna em Ardèche, França, decorada com pinturas das quais a maior parte data do período cultural europeu chamado de Aurignaciano (43 mil a 28 mil anos).

De fato, essa gruta é magnificamente ornamentada com nada menos que 447 representações de animais, das quais 335 identificáveis, a mais antiga datada de cerca de 37 mil anos. Pois bem, essas representações de animais testemunham um domínio perfeito do esfuminho, da perspectiva, da arte de sugerir o movimento e da composição, que só voltariam a se desenvolver na Europa durante a Antiguidade, ou mesmo na Renascença! Elas provam, portanto, que, na Ardèche aurignaciana, existia uma sociedade que era capaz de subvencionar especialistas de alto nível na representação de animais. Os "artistas" desse nível devem certamente ter se exercitado com afinco, algo que se organiza socialmente. Deduzimos daí que, no seio da cultura aurignaciana, havia indivíduos suficientemente influentes para apoiar uma espécie de "vida artística", como descreve com profundidade o filósofo Emmanuel Guy em obra recente.

Entretanto, pode essa atividade subvencionada de Chauvet ser considerada verdadeiramente como arte? Para o pré-historiador André Leroi-Gourhan (1911-1986), as representações animais das grutas constituem mitogramas, quer dizer, símbolos abstratos dos mitos. De outra forma, somos surpreendidos pelo ambiente animista (crença segundo a qual os espíritos protetores ou hostis animam os seres vivos), até mesmo totêmico (a extensão da noção de parentesco aos animais poderosos, cujas qualidades um clã totêmico possuiria), que reina dentro da gruta. Isso indica que a sociedade aurignaciana era composta de clãs nos quais, como nas culturas totêmicas mais ou menos atuais, os xamãs presidiam a comunicação com seus espíritos protetores. Datada de 40 mil anos, a escultura em marfim de um mamute descoberta na gruta de Hohlenstein-Stadel, nos Alpes Suábios, Alemanha, parece a representação direta de um homem com cabeça de leão, ou então de um xamã mascarado celebrando algum rito totêmico. Desta forma, os primeiros sistemas de crença e de ritos fizeram provavelmente parte dos meios empregados pelos criadores das primeiras culturas tribais.

O corpo enfeitado

Existe um outro indício que aponta no sentido da existência de sociedades tribais já bastante estruturadas socialmente no Aurignaciano, na Europa e sem dúvida em outras regiões do planeta: os adereços (pérolas, dentes perfurados, conchas, pendentes de pedra, chifre de cervídeos, etc.) que decoram o corpo ou uma vestimenta. A etnografia nos demonstra que as tribos – hoje, as culturas regionais – tendem a cultivar sua identidade através de referências simbólicas, o que explica a diversidade espantosa surgida com o tecido de trajes tradicionais no planeta. No Aurignaciano, essa variedade pode ser notada nos adereços.

Foi assim que, após ter repertoriado não menos de 162 diferentes tipos de ornamentos descobertos em 97 habitats, os pré-historiadores Marian Vanhaeren e Francesco

d'Errico, do CNRS, constataram em 2011 que os Aurignacianos do sudeste da França, da Itália, da Áustria e do
Mediterrâneo oriental utilizavam adereços bem diferentes
dos que eram valorizados no norte da Europa. No entanto,
não é a ausência ou a raridade de matérias-primas usadas
que explicam a existência desses adereços diversos – por
exemplo, os dentes de animais empregados no sudoeste da
França provêm de espécies caçadas na Itália, onde esses dentes não eram transformados em adornos. Manifestamente,
as culturas regionais existiam, corroborando a presença de
culturas tribais.

Um lobo para o homem

O aparecimento da sociedade tribal coincide com a primeira domesticação de um animal: o lobo. Não sabemos
muito bem se essa inovação social importante – a inclusão
de um primeiro animal na sociedade humana – data do
período Aurignaciano ou do período cultural que se seguiu,
o Gravetiano (31 mil a 22 mil anos). Segundo as pesquisas
genéticas publicadas em 2017 por uma equipe dirigida por
Bridgett von Holdt, da Universidade de Princeton, nos Estados Unidos, o lobo teria sido domesticado num único lugar
entre 40 mil e 20 mil anos atrás. No entanto, crânios caninos
foram encontrados em inúmeras grutas, especialmente na de
Razboinichya, nas montanhas siberianas de Altai, e na de

Goyet, na Bélgica. Mas estes datam de mais de 30 mil anos, portanto anteriores ao período gravetiano a oeste da Europa, e não ao leste...

A alteração do patrimônio genético necessária para obter um cão a partir de um lobo se traduz em particular pela redução do tamanho do crânio, modificações na forma do rabo e das orelhas, altura das patas, comprimento e densidade da pelagem. Ela é, porém, muito mais profunda, pois visa também reduzir a agressividade natural do lobo para obter linhagens dóceis. Em 2017, a análise de 29 genes numa região do genoma conhecida por desempenhar um papel na sociabilidade dos cães indicou que os genes GTF2I e GTF2IRD1 poderiam se encontrar na origem de sua hiper-sociabilidade, chave de sua coexistência com os humanos.

Atualmente, etnólogos e biólogos são capazes de identificar e repertoriar, tanto no nível anatômico quanto genético, as características particulares que estão presentes numa espécie domesticada e ausentes em seus parentes selvagens. Juntas, elas constituem o que os biólogos chamam de síndrome da domesticação. Nos cães, esta síndrome é particularmente importante e cheia de facetas, tanto que, desde o Paleolítico, os humanos não pararam de modificar essas linhagens de cães para adaptá-los às próprias necessidades. Uma das facetas mais curiosas é sem dúvida a que desde o Neolítico, quer dizer a era do camponês, o gene AMY2B do lobo foi modificado no cão de modo a torná-lo capaz de digerir o amido, e, consequentemente, o pão...

Caçar sem seu cão?

A esse "lobo cheio de humanidade", segundo a fábula magnífica de Jean de la Fontaine (*O lobo e o pastor*), demos mais tarefas do que a qualquer outro animal doméstico. Pense bem: existem cães de guerra, de combate, de pastoreio, farejadores, de companhia, símbolos de prestígio, de guarda, guias para pessoas cegas... Entretanto, no Paleolítico, o cão foi antes de tudo um auxiliar na caçada: "a associação entre homens e lobos domesticados representou uma vantagem adaptativa importante para os primeiros, observa o etnólogo Pierre Jouventin. De fato, o estudo do modo de vida do povo Saan, na África Austral, sugeriu que um caçador acompanhado de seu cão captura três vezes mais caças..."

Sapiens, um animal (auto)domesticado?

Se desenvolvemos tanto esse tema sobre a domesticação do lobo, é porque ele assinala e determina a época exata da domesticação do humano pelo... humano. O homem é o lobo do homem, diziam antigamente, e o homem incluiu o lobo na sociedade, dissemos nós. Na verdade, se foi capaz disso, é porque ele também incluiu o humano vivendo em bando dentro da sociedade tribal, amplamente mais coercitiva, posto que sua coerência supõe todos os tipos de obrigações. Quais? Por exemplo, o dever de trabalhar em grupo, respeitar diversos status sociais, observar os ritos, não transgredir determinados tabus, partilhar os recursos segundo regras complexas, respeitar as regras conjugais dentro do contexto de um sistema de parentesco, etc. Cada membro de uma tribo é de algum modo um animal domesticado pelo grupo!

A metáfora é tentadora, mas será ela pertinente? A ideia de que o humano tenha domesticado a si mesmo não é nova. Já em 1971, em *A descendência do homem*, Charles Darwin notava que a sociedade se opõe à seleção natural, como por exemplo ao dar assistência aos mais fracos, mas também ao forçar seus membros a adotar vários comportamentos, respeitar numerosas regras que, se forem mantidas, se tornam verdadeiras pressões seletivas. Nos bandos, porém ainda mais no seio das sociedades tribais, este foi manifestamente o caso.

Dispomos de inúmeras provas, posto que o homem contemporâneo apresenta também uma clara síndrome de domesticação: como apontam o crânio reduzido em 15% em relação ao dos Aurignacianos, sua tendência à gracilização (redução da massa óssea), sua dismorfia sexual limitada em comparação às outras espécies humanas e também uma infinidade de traços moleculares comparáveis àqueles acumulados pelo cão. *O Homo*, e o Sapiens ainda mais, se autodomesticaram.

A intensificação desse fenômeno é particularmente evidente no período gravetiano, quando apareceram grandes tribos explorando vastos territórios entre o Atlântico e o

Rio Ural. Seu modo de vida supunha um bocado de mobilidade, o que se vê particularmente nas proporções e na espessura de seus fêmures e tíbias se as compararmos às dos sedentários. Entretanto, seus membros poderiam muito bem ter tido hábitos semissedentários: apesar de os Gravetianos habitarem as margens de geleiras em expansão, eles parecem ter vivido – pelo menos durante os invernos rigorosos – no que o pré-historiador tcheco Jiří Svoboda considera como aldeias mais ou menos temporárias, ou numa série de grutas situadas de preferência dentro dos vales por onde passavam as migrações sazonais de animais. Entre estas, a dos mamutes interessava singularmente aos Gravetianos que viviam na estepe de mamutes da Europa central e parecem ter se especializado na caça desses paquidermes com grandes equipes. Claramente, eles os matavam em imensas quantidades para construir cabanas, cuja estrutura era feita de dezenas de ossadas de mamute.

Toda a cultura material dos Gravetianos leva a supor que eles viviam no seio de sociedades de escala superior à dos Aurignacianos. Eles conheciam as agulhas perfuradas numa das extremidades e, levando em conta o frio do ambiente, com certeza sabiam costurar vestimentas de couro bem eficazes. Dotadas de pontas retas, as "gravettes", essas armas de caça eram manifestamente destinadas a serem empregadas com a ajuda de um sistema de arremesso (propulsor, arco, etc.). Elas parecem ter sido eficientíssimas. Resumindo, pode se representar os Gravetianos como os caçadores boreais, assim como os Ameríndios descobertos pelos europeus no século XVI.

Igualmente surpreendente é o fato de eles poderem também se reunir em vastos campos de caça, tais como os de Dolni Věstonice e de Pavlov, na Morávia, ou ainda os de Krems-Wachtberg, na Baixa Áustria. Esta constatação significa que os Gravetianos dominavam diversas técnicas de transporte e armazenamento de grãos, por exemplo, mas também de carnes. O *pemmican*, uma mistura de gordura, carne seca e bagas, preparada pelos índios das planícies americanas, que pode ser consumido vários anos após sua confecção, ilustra sem dúvida no que consistiam as conservas de carne. Entre essas técnicas, a cestaria desempenhava provavelmente um papel significante: de qualquer forma, a descoberta de uma impressão de tecido sobre uma miniatura cozida no fogo sugere que, se sabiam confeccionar entrelaçamentos assim tão delicados, os Gravetianos podiam também produzir outros, menos delicados, para obter cestos, cordas e tranças... A descoberta de mós (pedra para moagem de grãos) em vários sítios (Bilancino II, Paglicci, Kostenki 16, Pavlov IV) comprova a colheita e a transformação generalizada de grãos e gramíneas selvagens. Tudo isso, assim como o fato de explorarem em grande escala animais que forneciam simultaneamente vários recursos, significa que os Gravetianos praticavam uma economia de coleta, tratamento e, em seguida, armazenamento.

A partir de inúmeras observações etnográficas, o antropólogo social Alain Testart (1945-2013) demonstrou em seu livro, um clássico atualmente, *Les Chasseurs-cueilleurs ou l'origine des inégalités* [*Caçadores-coletores ou a origem das desigualdades*, em tradução livre] (1982), que enquanto os caçadores-coletores de distribuição direta (a divisão dos recursos é feita de imediato sob o olhar de todos) formam sociedades com tendência igualitária, os que ele chamou de caçadores-coletores de distribuição adiada (a divisão é feita mais tarde, segundo as obrigações das regras sociais) formam sociedades de tendência desiguais. Os estoques, na verdade, deviam ser constituídos e vigiados, depois, sua utilização regulamentada, o que conduz a uma espécie de controle, ou mesmo privatização. Supõe-se portanto que o exercício do poder é mais intenso numa sociedade mais desigual do que em outra, na qual tudo é evidente e coletivo.

Quando o ambiente é rico mas não fornece recursos durante todo o ano, no inverno, especialmente – como era o caso da estepe de mamutes –, é necessário que as obrigações sociais, aplicadas pelos chefes, por exemplo, garantam que o grupo se dedicará ao armazenamento maciço nos locais onde os recursos estão disponíveis anualmente, e depois tratará da conservação da carne, de peixe e mesmo de vegetais coletados (picar, cortar, talhar em finas fatias, secar, defumar, etc.), antes de os transportar sob controle a um local seguro. O funcionamento de uma economia assim tão complexa significa que as obrigações sociais eram abundantes nas sociedades gravetianas, o que nos leva a pensar que tenham sido estruturadas em diferentes grupos sociais.

O túmulo de um *big man*

Uma hierarquia descoberta em Sungir, Rússia, perto da cidade de Vladimir, cerca de 200 quilômetros a leste de Moscou, não deixa dúvidas. Trata-se do túmulo datado de aproximadamente 30 mil anos de um "príncipe" gravetiano, ou ao menos daquele que os antropólogos chamam de um *big man*, ou seja, um homem que possuía influência suficiente na sua sociedade por dispor de uma imensa força de trabalho. Morto por um ferimento no pescoço com cerca de 45 anos, o príncipe de Sungir foi estendido sobre as costas em seu túmulo na companhia de um menino de 13 anos e de uma menina com cerca de 9 anos, estes também estendidos na mesma posição dorsal e dispostos com as cabeças em posições invertidas, o que revela, aparentemente, um ritual preciso. Além disso, os três corpos foram cobertos com ocre (corante à base de argila com presença de óxidos ferrosos).

O riquíssimo mobiliário funerário que os acompanha surpreende pelo seu requinte: no caso do homem, ele consistia de uma vestimenta refinada cosida com pelo menos 2.900 pérolas em marfim de mamute, coifas decoradas com conchas perfuradas por caudas de esquilo, lanças e diversas outras oferendas em materiais orgânicos que não foram conservados; no caso das crianças, as ricas vestimentas estavam cozidas com cinco mil pérolas. Como estas eram cerca de um terço menores do que as do adulto, os pré-historiadores deduziram que tinham sido feitas especialmente para elas.

Ora, para realizá-las é preciso pelo menos dez mil horas de trabalho (considerando que são necessários vinte minutos para fazer uma pérola!), sem contar o tempo levado para costurá-las sobre as vestimentas cuidadosamente delineadas... Esse conjunto sugere que as crianças foram sacrificadas para acompanhar o defunto principal, ou que, ligadas a ele por um laço social ou familiar, elas tenham morrido durante algum incidente. Seja como for, tamanha riqueza e tantas horas de trabalho investidas comprovam que os três defuntos eram de uma classe social elevada, para os quais trabalhavam inúmeras pessoas inferiores na sociedade gravetiana. Inegavelmente, a autodomesticação do Sapiens, ou pelo menos sua domestica-ção pelos chefes, já era bem avançada no período Gravetiano!

10

Da guerra ao Estado

■ *A guerra apareceu provavelmente bem cedo na vida social, com certeza antes da última glaciação, mesmo que não possamos provar. Já tendo se tornado endêmica em certas regiões há 15 mil anos, aproximadamente, ela vai perturbar a economia ao acrescentar-lhe os efeitos da predação inter-humana. As premissas da agricultura são perceptíveis desde antes da última glaciação, e todos os componentes da vida camponesa foram experimentados milhares de anos antes da passagem à agricultura e à pecuária. Com a economia de guerra se ampliando ainda mais após a chegada do camponês, serão os guerreiros que inventarão o Estado.*

O impressionante túmulo do "príncipe de Sungir" ilustra também a violência exercida sobre os Gravetianos na sociedade pré-glacial. Tanto a estratificação espetacular que revela seu túmulo quanto a importância manifesta de ostentação só podem ser interpretadas levando em conta uma forte concorrência entre os grandes personagens do gênero do príncipe. A julgar pelo ferimento que provocou sua morte, a ostentação nem sempre bastava para vencer a competição social. Numa sociedade que praticava o armazenamento, e, portanto, era rica, a tentação de levar vantagem contra um concorrente passava igualmente pela violência, o que significa guerra. Então, sim, talvez tenha havido guerras no período gravetiano, ou seja – segundo nossa definição –, agressões coordenadas e homicidas de um grupo humano contra outro, mas não dispomos de prova. No Solutreano (22 mil a 17 mil anos atrás), o período cultural que segue na Europa, o modo de vida adotado durante os limites máximos glaciais para os homens de então – espécies de Gravetianos supertécnicos – é comparado ao dos Inuítes, que, quando faz menos 20 graus, sabem que a guerra certamente não é uma prioridade.

Os conflitos de guerra provavelmente recomeçam com os caçadores de renas no Magdaleniano (17 mil-12 mil anos), o período cultural seguinte na Europa Ocidental, o mesmo que nos legou as magníficas grutas ornamentadas de Lascaux ou Altamira. Em todo caso, é evidente que esses caçadores--coletores armazenadores praticavam um canibalismo, que foi interpretado por alguns como guerreiro. Assim, na Toca do Frontal, uma gruta da província de Namur, França, o pré-historiador belga Édouard-François Dupont (1841-1911) descobriu "uma cova cheia de ossadas humanas" representando 18 indivíduos, na maioria mulheres, ao que parece, tendo sofrido o mesmo "tratamento que os [...] numerosos detritos animais ao seu lado". Uma observação que ele interpretou como os restos de um grande banquete ritual

DA GUERRA AO ESTADO

acompanhando a morte de um "chefe", cuja família, ele imagina, tinha sido sacrificada.

Essa interpretação macabra parece pouco convincente, desde que um caso semelhante se apresentou na gruta de Gough, em Somerset, Inglaterra. Lá, os vestígios de uma carnificina magdaleniana datada de cerca de 15 mil anos, misturando restos de animais e humanos que traziam nos ossos marcas de uma exploração... manifestamente nutricional. Um detalhe espantoso, três taças foram habilmente produzidas a partir de crânios humanos, descoberta esta que lembra outras efetuadas ao final do século XIX na gruta magdaleniana de Placard, em Charente, França, e em Isturitz, no País Basco. Seriam uma espécie de troféus de guerra tomados dos inimigos, como os guerreiros citas, gauleses e vários povos gostavam de fabricar, a fim de beber no crânio de seus inimigos, ou então teriam relação com práticas funerais complexas?

De toda maneira, se quisermos comprovações claras sobre a irrupção da guerra após o último máximo glacial (18 mil anos), é necessário deixar a Europa e se dirigir à África. Mil anos após a carnificina de humanos na gruta de Gough, há 14 mil anos, na região que iria se tornar o Alto-Egito, um grupo de uma cultura local de fato organizou um cemitério para enterrar cuidadosamente os seus num lugar que com o tempo viria a se chamar Jebel Sahaba — hoje coberto pelo Lago Nasser. Dos 61 esqueletos de homens, mulheres e crianças encontrados com inúmeros outros restos fragmentados, pelo menos 45% sofreram mortes violentas. Pontas de pedras foram achadas fincadas nos ossos de 21 indivíduos, sugerindo que tenham sido atacados com lanças ou flechas, ao passo que os cortes deixaram marcas nos ossos dos demais cadáveres. Como certos ferimentos tinham cicatrizado, a impressão preponderante é a de que a sociedade da qual faziam parte estava enfrentando um conflito crônico. A guerra se tornara endêmica!

As implicações do surgimento das guerras permanentes na evolução humana são imensas, pois elas mudam o meio natural no qual vivem as tribos. Antes, a natureza podia ser repleta de perigos para o indivíduo, mas permanecia um refúgio seguro para o grupo, se seus membros a conhecessem suficientemente para evitar os perigos que teriam podido ameaçá-los em seu habitat; após o advento da guerra, ela se transformou num ambiente que é preciso compartilhar com concorrentes hostis, representando para o grupo e cada um de seus membros um risco mortal.

De modo quase sistemático, a etnografia das tribos dos últimos 400 anos nos mostra que a maioria sofria e praticava a guerra endêmica. Em seu livro *War Before Civilization* (*Guerra antes da civilização,* em tradução livre), o antropólogo Lawrence Keeley, da Universidade de Illinois, Estados Unidos, relata as mortalidades estimadas pelos etnógrafos no seio de diversas tribos que praticavam a guerra endêmica: descobrimos assim que nos Ianomâmis, uma grande cultura tribal da floresta amazônica, o número de mortes masculinas

DA GUERRA AO ESTADO

representa até 36% da população, em comparação a 0,1% nas nações tendo praticado a guerra industrial na Europa ao longo do século XX. A realidade é que as sociedades de hoje em dia, por mais cruelmente violentas que possam nos parecer, são menos atrozes que aquelas do passado!

Da mesma maneira, nas sociedades tribais do passado, agredir outras tribos, algo obviamente destruidor para o corpo social, tornou-se um modo de vida, a tal ponto que o personagem do "guerreiro" se tornou uma referência universal que perdura. Como as migrações ou os grandes eventos climáticos, a guerra introduziu novas pressões seletivas tanto sobre os grupos humanos quanto sobre os indivíduos que, em nossa opinião, só puderam engendrar consequências genéticas. De fato, após as operações de guerra, os cativeiros, as formações de novos grupos resultantes de conquistas, alguns genes se multiplicaram no seio das populações ou, ao contrário, ficaram cada vez mais raras, a ponto de desaparecer em certos casos. De uma maneira geral, os genes foram fermentados.

É evidente que, desde que a guerra se tornou endêmica, sempre se acharam "grandes homens" em número suficiente para impor essa atividade, apesar de sua periculosidade. Para as elites, de um lado a guerra traz rapidamente um espólio, ou seja, recursos a distribuir e fazer progredir sua sociedade e, por outro lado, ela impõe espontaneamente uma coesão social suscetível de reforçar seu poder. Os exemplos recolhidos pelos etnólogos atestam que em quase todas as culturas tribais guerreiras conhecidas, os prisioneiros eram transformados em escravos, de modo que a guerra é sem dúvida a origem principal da instituição da escravidão. Por isso, os chefes iniciavam guerras de bom grado com o objetivo de aumentar seus clãs (com mulheres e crianças), reforçar sua produção (graças aos novos membros) e estreitar a coesão (distribuindo o espólio a seus dependentes). Resultante da competição entre os clãs que constituíam as tribos, esse mecanismo desempenhou no passado um papel econômico importante nas sociedades tribais pré-históricas e portanto, provavelmente, nas sociedades pré-históricas guerreiras.

Os primeiros templos da humanidade

Após o Magdaleniano, virá, num Oriente Próximo mais temperado, o pré-Neolítico (entre 12 mil e 10 mil anos), durante o qual os grupos humanos teriam se tornado sedentários e, indiscutivelmente, armazenadores (Fig. 16). A cerâmica ainda não é conhecida, mas já se vive em aldeias. Os chefes de tribos e as elites religiosas obtêm de seus grupos esforços colossais para construir templos, instalações culturais e túmulos monumentais. Essas instalações são numerosas na Turquia e na Síria, no vale do Rio Eufrates. O mais impressionante desses santuários de caçadores-coletores é o de Göbekli Tepe, construído sobre uma montanha: monumentos megalíticos antropomórficos esculpidos de um totem – cada qual exigindo meses de trabalho – foram erguidos a intervalos regulares ao longo dos muros guarnecidos de bancos numa sala oval parcialmente enterrada, sem dúvida para sustentar um telhado.

A revolução neolítica não aconteceu

Recapitulemos a evolução sapiens: um clichê da arqueologia, citado pelo australiano Gordon Childe (1892-1957) afirma que houve uma "revolução neolítica", ou seja, uma espécie de salto social formidável durante o qual os caçadores-coletores, para se libertarem de suas rudes e miseráveis vidas dependentes de caçadas (o que é desmentido pelo estudo do modo de vida dos caçadores-coletores), teriam domesticados animais e plantas, inventado a agricultura e a pecuária, e assim se sedentarizado a fim de praticar a economia de produção, evoluindo então unicamente no sentido de uma sociedade patriarcal desigual e semeando em permanência a guerra entre as tribos.

Ora, a revolução neolítica não existiu, ou, antes, ela se preparou durante 20 mil anos, considerando que a domesticação (a do lobo e a do homem) e a economia de produção (os estoques) apareceram bem antes da agricultura. Desta forma, os Gravetianos já eram certamente semissedentários, tinham domesticado um animal (o lobo) e praticavam uma economia baseada na extração natural intensa e no armazenamento, já evocando uma sociedade voltada para a produção.

16 Neolitização do Oriente Próximo

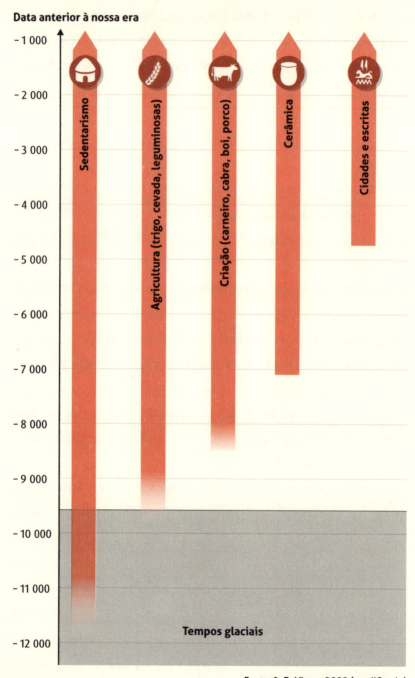

Fonte: J.-D. Vigne, 2008 (modificado)

O sítio de Ohalo II, em Israel, que data de 24 mil anos, nos fornece outro exemplo impressionante: à beira do lago de Tiberíades, um grupo de caçadores-coletores veio acampar sob cabanas para caçar, mas sobretudo coletar grãos de cereais e outros, que eles tratavam segundo um processo de etapas bem organizadas em termos espaciais, cujo primeiro estágio só pode ter sido o armazenamento. Mais de 900 mil grãos de cereais selvagens foram encontrados, assim como vestígios de treze espécies de frutas e cereais... Grãos de "ervas daninhas", hoje bem conhecidas nos campos, estavam misturadas aos grãos de amido, cevada e aveia selvagem, cujos traços sutis parecem prefigurar as versões domesticadas desses cereais. Após ter também descoberto lâminas de sílex marcadas pelo corte de gramíneas (trigo, cevada, etc.), a equipe do pré-historiador Dani Nadel que estudou o sítio deduz que seus ocupantes praticavam em escala reduzida uma primeira forma de cultura de cereais selvagens, e isso há mais de 11 mil anos antes do reputado início da agricultura.

Portanto, mesmo que tenham vivido antes da última glaciação, o povo de Ohalo, no Oriente Próximo, ou os Gravetianos, na Europa, já eram verdadeiros pré-neolíticos semissedentários. Talvez ainda não tivessem ingressado no ciclo infernal da guerra, mas, conforme vimos, os conflitos beligerantes parecem de fato já ter se generalizado bem antes do Neolítico.

A partir do Neolítico, a guerra continuou e não cessou mais na maior parte do mundo, enquanto os camponeses sofriam em suas terras. Essa sedentarização, de dimensão bem mais importante do que aquela observada anteriormente, teve importantes consequências sobre a vida humana (Fig. 17). O estudo das grandes séries ósseas que puderam ser retiradas das necrópoles mostra que, ao favorecer o reagrupamento de uma infinidade de pessoas no mesmo lugar, a sedentarização criou condições ideais para a transmissão de doenças infecciosas. Um bom número destas – as zoopatias – provinha de animais domesticados, por exemplo a tuberculose, a brucelose, o sarampo, etc.

O modo de vida camponês também reduziu a diversidade do regime alimentar. De amplo espectro na vida dos caçadores-coletores, para os camponeses ele se limitou ao consumo de alguns cereais e animais. Tudo isso tornou os indivíduos mais frágeis fisiologicamente diante das infecções e do consumo excessivo de certas moléculas, tais como os açúcares lentos dos cereais! Entretanto, a nova economia de produção através da agricultura e da criação de animais também favoreceu o crescimento demográfico espetacular ao qual ainda nos submetemos.

Vejamos de onde provém esse crescimento e a que ponto ele é preocupante. O paleodemógrafo Jean-Pierre Bocquet-Appel, do CNRS, atribui o aumento dos efetivos da humanidade à cultura dos cereais, pois estes fornecem uma alimentação muito mais rica e açucarada do que ocorre com a dieta dos caçadores-coletores, e ainda por cima está sempre disponível. O sedentarismo, por sinal, reduziu o estresse considerável que

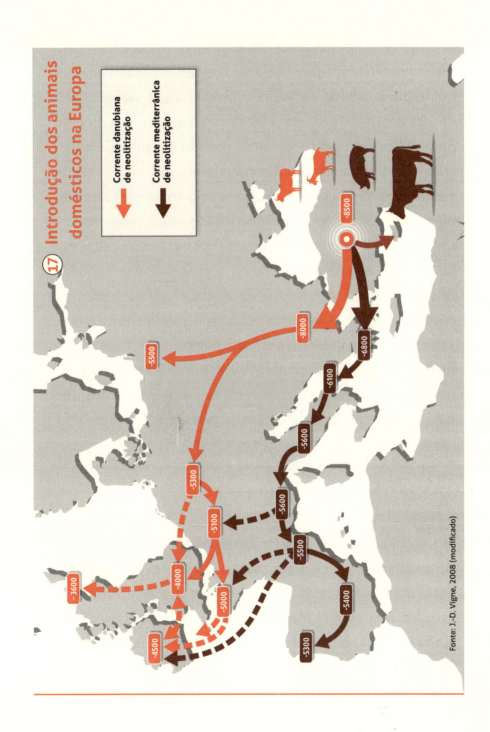

os caçadores-coletores suportavam quando se deslocavam pela natureza com seus filhos, em busca de recursos alimentícios.

Num bando de caçadores-coletores atuais, uma mulher dá à luz em média uma criança a cada três anos, intervalo atribuído à "balança genética", ou seja, à relação entre ganho de energia obtido através dos alimentos, por um lado, e os gastos energéticos devidos à amamentação e à atividade física, de outra parte. Ora, ainda que a mortalidade infantil fosse intensa nas sociedades camponesas, esse intervalo se reduziu a apenas um ano, pois sua alimentação era regularmente garantida. Resultado: se por um lado os demógrafos estimam que, no início do Paleolítico superior, a população mundial era inferior a um milhão de indivíduos (contra menos de 10 milhões ao final dessa era, há 10 mil anos, e menos de 100 milhões no começo da Antiguidade, por volta de cinco mil anos atrás), eles preveem que ela alcançará 10 bilhões em 2050 (Fig. 18).

Do Neolítico ao Estado

Como escreveu Jean Guilaine, do Collège de France, em seu livro de 2011, *Caïn, Abel, Ötzi*, os humanos continuam exercendo o modo de vida neolítico. Particularmente na idade do cobre (a partir de cinco mil anos atrás), como ilustra o destino trágico de Œtzi; este notável de uma pequena tribo alpina foi assassinado há cerca de 5.300 anos com uma flecha na omoplata quando, a fim de escapar de seus agressores,

⑱ Evolução da população humana global

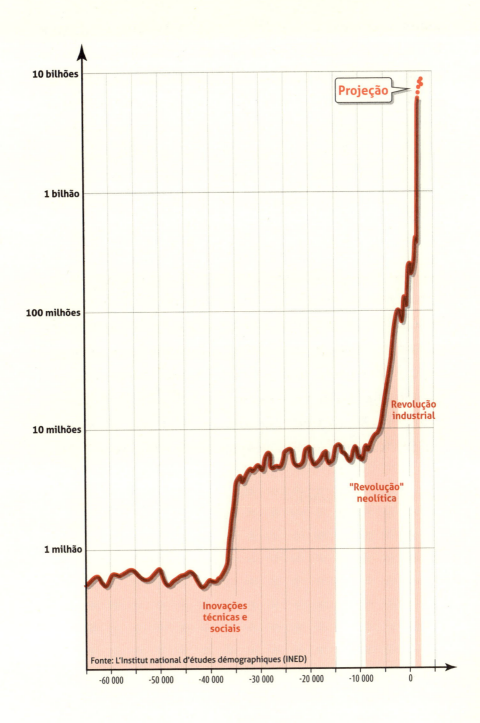

tentou atravessar uma geleira. Fora da Europa, os *big men* já haviam se transformado em grandes guerreiros no seio de tribos cujos efetivos atingiam às vezes milhares de membros. É no âmago de tribos assim que um dia, no Alto Egito, na Mesopotâmia, dentro do vale do Rio Indo ou ainda no que se tornaria a China, vão surgir os primeiros chefes de guerra cercados de uma infinidade de dependentes.

Ancestrais das tropas de elites que desde sempre acompanharam os reis, esses guerreiros e outros guarda-costas eram fanaticamente dedicados a seu chefe por uma simples razão: por princípio, eram condenados à morte no dia do falecimento de seu chefe, de maneira que ficava descartada uma derrota no campo de batalha... Para Alain Testart, esses guerreiros fanáticos constituíram a alavanca essencial graças à qual certos chefes impuseram seu rigor disciplinar a grupos tão grandes que era-lhe impossível conhecer todos os membros. A partir de então, uma vez que sua dominação era garantida pela guerra, eles precisaram administrá-los. Os primeiros Estados acabavam de nascer, um passo a mais no sentido da globalização.

Conclusão

O passado dos Sapiens nos diz alguma coisa de útil sobre seu futuro? Desde a criação dos primeiros proto-Estados, no quarto milênio antes da nossa era, na Mesopotâmia e no Egito, apesar de inúmeros sobressaltos, as sociedades não pararam de se expandir. Enquanto, no início do Paleolítico superior, caminhavam pela superfície da Terra menos de um milhão de Sapiens, estes eram inferiores a 10 milhões ao final da mesma era cultural, e menos de um bilhão em 1800, no começo da era industrial. Pois bem, hoje somos cerca de 7,5 bilhões.

Isso nos apavora um pouco: demasiadamente numerosa, a humanidade devasta a natureza selvagem; estima-se que por volta de um bilhão de indivíduos contemporâneos vivem – mal – nas favelas; nossa atmosfera se aquece rapidamente. O impacto da vida humana sobre o resto da vida e sobre o planeta é tão forte que os geólogos chamam a era geológica atual de Antropoceno, ou seja, a "era humana".

Assim mesmo, o Sapiens continuará evoluindo. Mais do que nunca, seguimos sendo animais culturais cujo ambiente de vida não é mais a natureza selvagem, mas a sociedade humana. Durante vários milhões de anos, nossa evolução foi mais biológica que cultural. Depois, há algumas centenas de milhares de anos, surgiu o *Homo sapiens*, cuja evolução se tornou mais cultural que biológica – até que, há cerca de 40 mil anos, a cultura se entusiasmou e superou a biologia.

Rapidamente, passamos de coletores a produtores de alimentos, tornando-nos uma espécie que produz mais para se reproduzir cada vez mais. Este comportamento explica por que nos encaminhamos para 10 bilhões de humanos, algo que, no estado atual de nossa organização social, é demais para o planeta, e sobretudo para todos os seres vivos.

A cada ano que passa, atingimos um pouco antes o dia em que teremos consumido mais do que o planeta produz em um ano, enquanto ecossistemas inteiros desaparecem. Desta forma, é evidente que uma nova transição antropológica se inicia. Ela nos extrairá da mentalidade neolítica e nos encaminhará para um novo tipo de psique. Mas qual? Ainda é difícil dizer, mas o que ocorre nos países desenvolvidos nos fornece um indício: as pessoas fazem menos filhos, e uma grande parte do que elas produzem encontra-se agora nos espaços virtuais da Internet e da cultura. O prazer de viver e a necessidade de dar um sentido à existência desempenham agora um papel essencial. O modo de vida induzido pelo mundo digital já foi escolhido. Ora, a maneira como em todo o planeta as pessoas se põem a caminho de países em que cada contato, cada ato, é preparado sutil e secretamente

CONCLUSÃO

por um exército de robôs informáticos, nos sugere que essa transição se acelera.

Desde que ela se muniu de um sistema nervoso planetário — a Internet — a humanidade se transforma. Quase todas as partes de seu vasto corpo social agora se comunicam. Um novo fluido social corre cada vez mais rápido, irrigando agora a metade da humanidade, ou até mais. Não há dúvida de que ela continuará se expandindo ainda mais e mudará a vida na Terra. Mesmo que isso ainda seja pouco evidente, o Sapiens continua *sapiens*, quer dizer, sábio. Torçamos para que, com sua força, ele se torne cada vez mais sábio.

Leia também

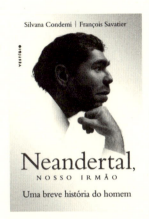

Neandertal, nosso irmão
Silvana Condemi | François Savatier
Tradução Fernando Scheibe

Romeu e Julieta em versão pré-histórica… Foi assim que, em 2013, a imprensa saudou a grande descoberta da pesquisadora Silvana Condemi: a identificação do primeiro osso pertencente a um mestiço de pai sapiens e mãe neandertal. A genética tinha anunciado, e a paleoantropologia confirmou: *Homo neanderthalensis* e *Homo sapiens* misturaram suas culturas, mas também seus genes, no mesmo território europeu – e isso por mais de 5.000 anos.

Mas, então, quem é o homem de Neandertal? Um macaco ou um ruivo de pele clara? Um carniceiro ou um caçador genial que dominava a linguagem e reverenciava seus mortos? É possível que ele ainda esteja entre nós?

Transformada radicalmente pela irrupção de métodos inéditos, nossa pré-história se reescreve muito rápido, trazendo enormes surpresas. Nesta investigação apaixonante, os autores traçam o retrato mais atual de nosso estranho ancestral, passando em revista as diversas hipóteses sobre seu suposto desaparecimento. Com isso, reabrem a questão de nosso "êxito" evolutivo, tendo em vista a terrível marca que deixamos sobre tudo aquilo que nos rodeia.

Este livro foi composto com tipografia Bembo e impresso
em papel Off-White 90 g/m² na Assahi.